遇见多肉

观赏多肉 栽培多肉

……

一起养的多肉 恋多肉

多肉情节 喜欢多肉

多肉植物 ……

幸福多肉

喜欢多肉 一份感动

雅致吉科
YAZHI JIKE

萌宠多肉 真的爱你

……

幸福滋味 喜欢你

美好的明天

…

吉林科学技术出版社

图书在版编目（C I P）数据

萌宠多肉 ：四季养护私家秘笈 / 史玉娟编著. -- 长春 ：吉林科学技术出版社，2015.8
ISBN 978-7-5384-9639-0

Ⅰ. ①萌… Ⅱ. ①史… Ⅲ. ①多浆植物—观赏园艺 Ⅳ. ①S682.33

中国版本图书馆CIP数据核字(2015)第190183号

萌宠多肉 四季养护私家秘笈

编　　著：史玉娟
出 版 人：李　梁
图书策划：赵　鹏
责任编辑：周　禹　张　超
封面设计：长春创意广告图文制作有限责任公司
制　　版：长春创意广告图文制作有限责任公司
开　　本：710mm×1000mm　16开
印　　张：12
印　　数：1-5 000册
字　　数：160千字
版　　次：2015年10月第1版　2015年10月第1次印刷
出版发行：吉林科学技术出版社
社　　址：长春市人民大街4646号
邮　　编：130021
发行部电话/传真：0431-85635177　85651759
85651628　85677817
85600611　85670016
编辑部电话：0431-86037574
储运部电话：0431-86059116
网　　址：http://www.jlstp.com
实　　名：吉林科学技术出版社
印　　刷：长春人民印业有限公司
书　　号：ISBN 978-7-5384-9639-0
定　　价：39.90元

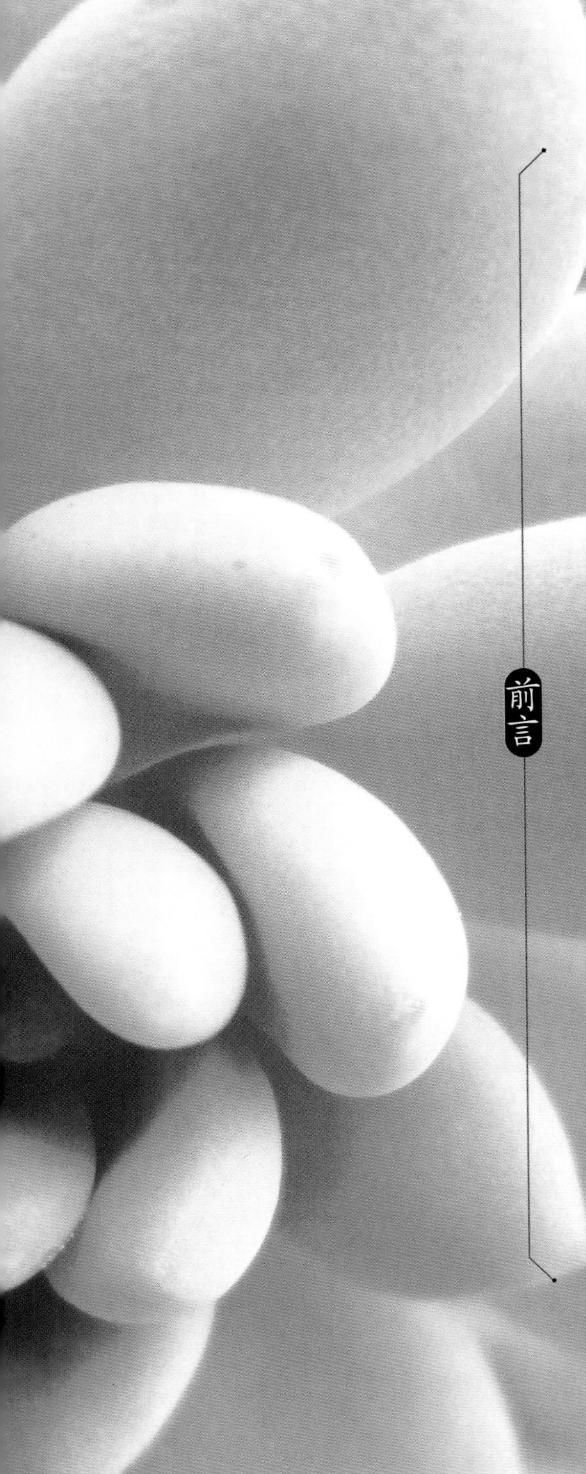

前言

“多肉植物”在花卉产业中是一个很突出的领域。绝大多数多肉植物有着体型小、生长慢、形态奇特、花朵美丽、养护简便、繁殖容易等特点，因此，多肉植物十分适合现代都市的居住条件和快节奏的生活方式。多肉植物形态各异，无论摆放在哪里，都能起到“画龙点睛”的作用，同时，也是许多花卉爱好者喜爱收藏的种类。

养多肉植物很难吗？ 其实不然，只是我们还没有摸透它们的小脾气，所以难免磕磕碰碰，让我们的肉肉饱受委屈。每一株多肉植物的喜好都明确而又简单，不要多浇水、不要多施肥、光照要充足，只是这些很小很小的要求，就能让我们的肉肉焕发出勃勃生机。

本书中的多肉植物种类繁多，个个美貌如花，都是近年来由园艺学家通过育种和选种精心培育而出的精品，是不可多得的观赏花卉。每一株多肉植物都有其独特的个性，了解其最直接的需求，再借助书中专业而又详细的肉肉信息，**按照四季，就能把你的肉肉从土壤、水分、光照、施肥等方方面面，照顾到位。** 总之，我想要的肉肉都在这里面哪！

目录

引言：走近多肉植物的世界

春 Spring

萌宠多肉植物要苏醒了

在生长旺季里茁壮生长

春

春季生长迅速的多肉植物品种

黑法师 39

神秘而高贵，好似一朵朵盛开的莲花，让人不由惊叹：紫黑色都可以做到这么美。

千佛手 40

植株长大后弯曲下垂，挂在室内，俨然一串翠绿的珍珠风铃。

初恋 52

黑王子 53

虹之玉 37

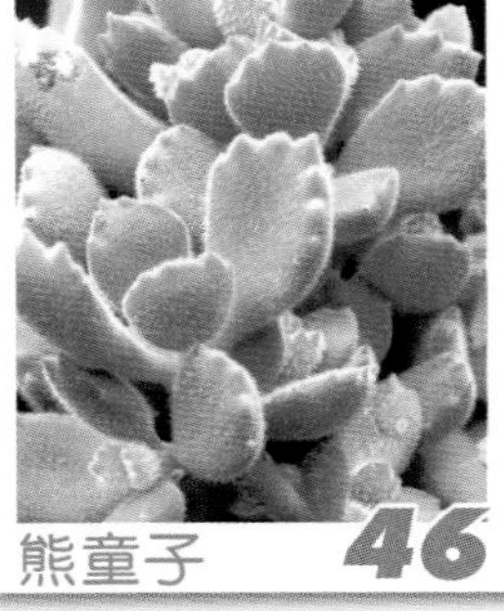

熊童子 46

花月夜 50

吉娃莲 56

吉娃莲的外形与花月夜非常相似，但她又尖又细的“红指甲”让她更迷人。

夏 Summer

天哪，我的多肉植物也苦夏

多肉植物最怕潮湿闷热的环境

夏季休眠明显的多肉植物品种

生石花 80

金铃 92

球松 89

御所锦 100

御所锦有很多“兄弟姐妹”，最有名的便是水泡，就好像硕大的水泡一样。

爱染锦 90

爱染锦长大后会变成“树”，黄绿叠生，显得非常壮观。

玉露 84

玉露不喜欢“喝水”，如果浇水过多，它的叶片就会伸长。

五十铃玉 81

大和锦 97

秋 Autumn

秋高气爽时，多肉植物悄然变美

迎来又一个生长高峰期

秋季易群生爆盆的多肉植物品种

胧月 115
胧月是多肉植物中最皮实的品种之一，推荐新手们养殖。

凝脂莲 118

蓝戴莲 134
在秋冬季节如果光照充足的话蒂亚的叶片会变成一团红色，所以它也叫“绿焰”

玉缀 124

银星 125

白牡丹 123

特玉莲 122
特玉莲不知道什么时候自己就会在根部生出小“多肉宝宝”来。

蒂亚 132

冬 WINTER

室外天寒地冻，
室内多肉植物继续生长

警惕多肉植物被冻伤

冬季正常生长的多肉植物品种

黄丽 162

秋丽 180

姬秋丽的加大版，日照充足，温差大时，植株会变色全珠粉嫩粉嫩的。

青丽 181

火祭 173

季节反差最大的多肉，只要冬天不死，夏天必是一团惊艳的烈火。

露娜莲 174

观音莲 168

东美人 188

冬美人的"颜值"不是最高的，但是它顽强的生命力让"懒人"由衷地赞赏。

明镜 169

引言：

走近多肉植物的世界

多肉植物也被称为多浆植物，
它们拥有庞大的储水系统，
即便十天半月不浇水，也不会枯萎，
可依靠自身的储水维持生命。
广义上多肉植物包括仙人掌类植物和所有
茎、叶、根肉质肥厚的植物；
狭义上的多肉植物则只包含景天科、番杏科、大戟科、百
合科、萝藦科和龙舌兰科等的植物，
不包含仙人掌类植物。

多肉植物的科属及代表品种

科	属	代表品种	特点
龙舌兰科	龙舌兰属	龙舌兰、金边龙舌兰、雷神、剑麻、鬼脚掌	一生开花结果一次，开花结果后植株枯死
	虎尾兰属	金边虎尾兰、短叶虎尾兰	
	丝兰属	丝兰、稻草人	

科属		代表品种	特点
百合科	芦荟属	不夜城芦荟、千代田锦	外表坚硬，晶莹剔透，极好养
	鲨鱼掌属	卧牛、子宝	
	十二卷属	条纹十二卷、玉扇、琉璃殿	
	瓦苇属	草玉露	

科属		代表品种	特点
萝藦科	犀角属	大花犀角、杂色犀角	植株含有乳汁，开花会有奇特的臭味
	凝蹄玉属	凝蹄玉	
	水牛掌属	紫龙角	
	吊灯花属	爱之蔓	
景天科	莲花掌属	莲花掌、明镜、日本小松、爱染锦	品种繁多，姿态万千，生长较快、容易看到变化，粉丝最多的多肉科属
	银波锦属	熊童子白锦、旭波之光、福娘	
	石莲花属	白凤、紫珍珠、黑王子	
	青锁龙属	钱串、星王子、筒叶花月、若歌诗	
	风车草属	姬胧月	
	厚叶草属	桃美人、青美人、千代田之松	
	长生草属	蛛丝卷绢、观音莲	
	伽蓝菜属	千兔耳、唐印、落地生根、月兔耳、扇雀	
	景天属	铭月、姬星美人、千佛手、新玉缀、虹之玉	
	瓦松属	瓦松、子持莲华、修女	
	天锦章属	神想曲、太平乐、天章	

科属		代表品种	特点
番杏科	露水草属	花蔓草、花蔓草锦	生长期与休眠期最明显的科，夏秋季生长，冬春季休眠，粉丝众多的多肉科属
	照波属	黄花照波	
	棒叶花属	五十铃玉	
	生石花属	日轮玉、朱弦玉	
	日中花属	日中花	
	肉锥花属	少将	
	食用昼花属	短剑	
	露子花属	雷童	
	银叶花属	金铃	
大戟科	大戟属	铁甲龙、虎刺梅、青珊瑚	植株有白色的乳汁，不少品种有刺

引言

科属		代表品种	特点
仙人掌科	岩牡丹属	龟甲牡丹、三角牡丹	仙人掌植物被简称为“仙人植物”，它们与其他多肉植物不同，不存在度夏问题，夏季正是它们的旺盛生长期
	星球属	兜丸、鸾凤玉、般若、群凤玉	
	金琥属	金琥、裸琥	
	强刺球属	琥头、紫凤龙、巨鹫玉、日之出	
	裸萼球属	光琳球、牡丹玉、鸡冠绯牡丹、新天地	
	乳突球属	白雪、风雅球、姬星球、梦幻城、照日球	
	仙人掌属	基生仙人掌、红花团扇、黄毛掌、多花团扇	
	花座球属	层云、赫云、蓝云、魔云	

多肉植物的型种区分

多肉植物型种	代表品种	特　点
冬型种	百合科、番杏科、景天科部分属植物，如百合科十二卷、玉露、玉扇、万象、寿、子宝、卧牛等；番杏科生石花、肉锥等；景天科吕千绘、绿塔、星乙女等	夏季休眠，冬季生长
夏型种	仙人掌科、大戟科植物，景天科的江户紫、唐印、火祭、黑王子、吉娃莲、锦晃星、子持莲华、厚叶旭鹤，龙舌兰科和萝藦科部分属的植物	冬季休眠，夏季生长
春秋型种	景天科绝大部分属的植物，如景天属铭月、八千代、虹之玉、黄丽等	夏季休眠，春秋生长，环境适合，冬季也会生长

多肉植物的生长现象

徒长：植株的颜色变淡，茎节向细长生长就是徒长，造成徒长的原因多半是水多和缺光。

缀化：植株的生长点从顶端的一个变成多个，植株从向上生长变成横向生长，就是缀化。

群生：植株上长出很多个生长点，这些生长点都长成小的植株，母株与小的植株共生就叫群生。

气根：从茎节上长出的一些根系，具有支撑植株的作用，多肉植物长气根从另外一个角度说明植株生长健康。

木质化：茎干底部变成褐色，最后变成像树干一样的颜色，多肉植物木质化的原因是植株不断向上生长，为了承载自身的重量，茎必须变得像树干一样强健。

斑锦：植株上出现其他颜色的斑纹或斑点，或其他不规则形状，如熊童子白锦、爱染锦等。

徒长

缀化

群生

多肉植物常见的繁殖方法

茎插：从母株上剪下小枝杈插到土壤中进行繁殖就是茎插。

叶插：把多肉的叶片浅埋于介质中进行繁殖就是叶插。

分株：把蘖芽、球茎、根茎等从母株上取下来，栽种变成新的植株。

播种：把种子撒播到介质中，繁殖新植株。

嫁接：把植株上的一部分剪下来，固定到另一植株上，使他们相互融合变成一个新的植株。

砍头：这种方法主要用于徒长的植株，留下1/3的茎，砍掉2/3，砍下的茎进行茎插，落下的叶子进行叶插。

叶插

分株

砍头

萌宠多肉植物要苏醒了

春季指的是每年3～5月这段时间。春季是万物复苏的季节，所有植物都在蠢蠢欲动……

经过整个冬季在温室中的休养生息，多肉植物也慢慢苏醒了。春季是多肉植物生长的旺季，也是翻盆移栽、购买新苗、扦插小苗的最佳季节，反正在这个季节里，尽情折腾你的多肉植物吧。如果你有条件露养，收获将会更大。

ing

在生长旺季里茁壮生长

对于所有多肉植物而言，春季都是生长旺季，如果给肥给水适合，你的多肉植物将会突飞猛进地生长。但需要注意的是，春季的大力扶持是个循序渐进的过程，不可过急，否则会有不必要的损失，如一下子浇水太多、给肥太多，或是过早搬出去晒太阳等。

逐步增加浇水量

进入3月，天气渐渐回暖，但偶尔还会有“倒春寒”来袭。因此养护要特别小心，浇水、施肥、移栽等都不可操之过急。

单就浇水而言，在冬季正常生长的品种，可适当增加浇水量，但要注意，不可在温度较低的早晚浇水，中午温度高时，浇透水，放在光照比较充足的地方。在冬季休眠或是半休眠的品种，可先用喷雾的方法使植株慢慢适应有水的环境。

月份	浇水时间	浇水量	备注
3月	晴天下午	未休眠：少量增加 半休眠及休眠：喷雾	室外温度低，浇水后不要移到室外
4月	晴天下午	增加浇水量，采用少量多次的方法浇水	北方室内供暖结束，可在光照充足时移到室外
5月	全天	增加浇水量，不要干透再浇透，少量多次的方法最无敌	可全天候放在室外

薄肥勤施多肉植物会长得更快

多肉植物对肥料的需求并不多，但在生长迅速的春秋季节，施适量的肥料可帮助植物更快更好地生长。

1. 盆底肥：不仅是多肉植物，所有植物上盆时都要施足盆底肥，对于不喜肥的多肉植物而言，施足底肥，一年都不用再施肥，盆底肥推荐骨粉与植料混合，效果很不错。

2. 追施肥料：氮、磷、钾三大元素肥是最普通常见的肥料，但对于多肉植物和仙人掌植物而言，应少施或不施氮肥。

目前市场上有专门针对多肉植物的缓释肥，其中的元素配比适合多肉植物生长，而且使用方便，肥效时间长，推荐使用。

3. 如何施肥：薄肥勤施是大多数植物施肥的方法，多肉植物同样适用此法。如何判断哪些品种需要勤施肥呢，这要根据需水量的多少。生长极其缓慢的多肉植物，需水量小，同样需肥量也少，不需要经常施肥，如生石花属的植物。需水量多的植物同样需肥量也多，要薄肥勤施。

TIPS 勿使叶子沾染肥水

施液肥时要注意，千万别把肥水弄到叶子上，如果不慎叶子沾上了肥水，要用清水冲洗干净。

市面上常见的多肉植物肥料一览

1. 绿怡园系列：绿怡园的液态肥有一系列，如观叶植物专用、观花植物专用、君子兰专用，当然还有多肉植物专用。它的特点是操作方便，取定量液态肥，掺和适量水，便可以施肥。

2. 美乐棵系列：美乐棵系列是来自美国的园艺花肥，品种很多，有液体营养液和固体颗粒肥。它的特点是营养成分含量高，见效比较快，但价格也比较高。

3. 缓释肥：缓释肥多数是美国进口的，常见的有奥绿、魔肥等，特点是使用方便，根据盆土面积，埋在土里几颗便可以保持长时间的肥效。这类肥料花市有售，但网购更便宜些。

以上这三种是目前被广大花友普遍接受的肥料，还有一些普通的有机肥，如动物粪肥、人粪肥、饼肥、麻渣等，这些东西都需要充分腐熟才可以使用。虽然材料易得、环保，但缺点也很明显，有臭味，这让人难以接受。

还有一种如尿素、硫酸铵、磷酸二氢钾等，这些都属于无机肥，虽然肥效好，但不环保，有毒，不适合家庭种植使用。

移栽换盆的好季节

对于那些长大的植株，春季可以进行移栽换盆了。

需要准备的工具：镊子、铲子、花盆、底肥、介质。

移栽步骤：

1. 移栽前三天不要浇水，保证土壤彻底干燥。敲打花盆周壁让土壤松一些，然后用镊子夹住茎干最底端，把植株慢慢拔出来。

2. 把根上的土轻轻捻碎，把须根修剪掉。

3. 准备好新的盆器，要比原来的大一些，铺好盆底石，覆土至盆1/2处，当然，这一半土里要掺好骨粉做底肥，对于多肉植物来说，底肥很重要，有了它可能过个半年不施肥也够多肉植物吸取养分了。

4. 把修好根的多肉植株摆放在盆中央，然后覆土，把植株稳定住。

5. 一般移栽后的前三天不要浇水，从第四天开始少量给水，把盆土表面喷湿就可以，从第七天开始正常给水。

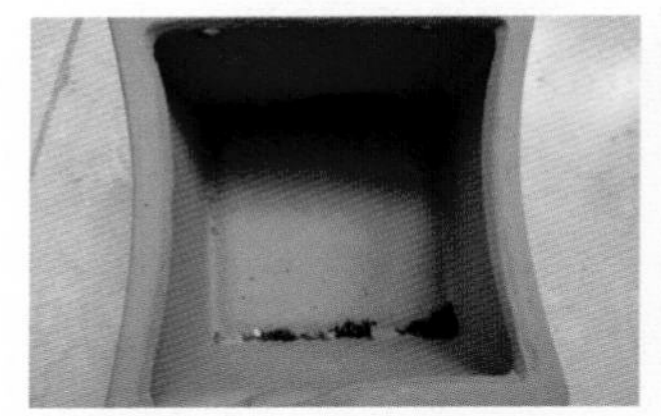

1.盆器很多，但陶盆是透气透水性最好的，所以陶盆是种肉的首选。

2.无底孔，所以盆底石省了，直接种植土，种植土中含有丰富的肥料，所以骨粉也省了。

3.准备上盆的白凤，已经把根系上的土捻掉，并修剪掉了多余的须根，修剪须根的作用是更容易生出新根，如果根系上沾有根粉蚧的虫卵，能一并去除。

4.比较粗壮的是主根，修剪须根时注意不要碰到主根，旁边生出了两棵白凤幼崽。

5.埋土的规则是，能够稳定住植株，且离盆边有2厘米左右的距离。

6.所选的铺面土是赤玉土，也有用鹿沼土、彩虹石或鹅卵石做铺面土的，当然，也可以不用，而且茎插或是叶插的小苗最好不要用铺面土。

7.换盆搞定，暂时不浇水，需要等两天，白凤被弄得有点脏，可以用柔软的小刷子刷掉浮土。

选择最适合多肉植物的花盆

对于种植多肉植物的人来说，每个人都有自己对花盆的不同喜好。经济实惠型的，会选塑料的黑色方盆，圈里给它起个爱称，叫“小黑方”。它的特点很突出，非常便宜，批发也就几毛钱，而且摆放起来整整齐齐，不浪费空间。也有推崇日韩风格的手工陶艺盆，外观典雅，很有特色，而且透水透气性好，很适合养多肉植物，但很贵，一个花盆就要三四十块，有点心疼。

如果抛开以上个人喜好，种多肉植物应该怎么样选盆器呢？

1. 根据植物习性选择

多肉植物喜干不喜湿，喜欢温暖却禁忌闷热，因此盆器透气透水性好是最基础的。从这个角度讲，陶质盆器、紫砂盆器、素烧瓦盆等最适合多肉。

2. 根据植株大小选择

这个很容易理解，高一些的植株要选择深一些的盆器，直径大的植株要选择口径宽一些的盆，如50厘米高的黑法师，肯定要用深的盆器，否则无法固定植株。

3. 根据盆器的外貌

陶瓷盆器釉面光滑，即便使用长久，擦拭一下还会光亮如新，有很多花友喜欢用陶瓷盆器养肉。还有很多外形独特的铁艺花盆、木质花盆、玻璃盆、石头花盆等，都可以选择。

TIPS 换盆后通风很重要

移栽后要想植株顺利服盆，能健康生长，所选的配土无菌很重要。另外植株所处环境通风也很重要，如果环境闷热潮湿，植株很可能会患病。

材质	优点	缺点	备注
陶盆	耐腐蚀，通透性强	容易盐碱出白迹	适量多浇水
瓷盆	外型时尚、大方	排水、透气性差	用瓷盆种多肉植物要在盆底打洞，而且要减少浇水次数和浇水量
紫砂盆	通透性好，且外观精致、雅气	价格偏高	浇水可与陶盆一样，适量多些
铁筒	外观简洁大方，个性鲜明	通透性差，且容易生锈	多用做套盆，如果用它来种多肉植物，少浇水
木盆	透水、透气性好	时间久了容易被腐蚀	适度少浇水
塑料盆	外观简洁大方、价格低廉	透水透气性差，不环保	用来种多肉植物要少浇水
玻璃盆器	干净大方，方便观察根系生长	通透性差，使用局限性大	比较适合水培植物
石质盆器	造型独特，更适合做盆景	颜色比较单一，稍显硬朗	适合多肉植物组合或造景

配土其实很简单

多肉植物如何配土，是个仁者见仁、智者见智的事情，每个种植者都会有自己偏好的培土方法，下面列举的几种，是比较经济实惠的。

序号	配土名称	配土比例
第一种	泥炭土+河砂+珍珠岩	3：1：1
第二种	煤渣+泥炭土+腐叶土+少量骨粉	4：1：1
第三种	赤玉土+鹿沼土+泥炭土	1：1：1
第四种	泥炭土+珍珠岩+煤渣+少量缓释肥	1：1：1
第五种	煤渣+炭灰+菜园土	1：1：1
第六种	大汉土+珍珠岩+蛭石	3：1：1

第五种配土是一个多肉植物大棚的老板常用的。他说他的配方本着低价、透气、无菌的原则。煤渣的透气性好，且不带病菌，含有多种微量元素，他所谓的炭灰是烧烤用的那种焦炭，用过后捻碎使用，这种炭灰可以起到杀菌的作用，大棚的经营者所用的多肉植物土易于寻找，而且廉价。

第六种配土方法是我自己在用的。个人认为配合红陶盆使用，透水透气性好，非常有效。但对于大汉土，很多网友对它的评价褒贬不一。其实多肉植物的配土，只要松软透气，有一定团粒结构就可以。多肉植物的配土最重要的一点是无菌，在无菌的环境中，多肉才能健康生长。

到了潮湿闷热的夏季，不妨定期喷点儿多菌灵，虽然很多花友对此不认同，觉得植物没病没灾的，不需要喷多菌灵，毕

竟毒副作用再小也有负面影响。但大多数养多肉植物的花友，绝对不会只有一盆两盆，少的十几盆，多则上百盆，万一有了病虫害，损失会相当惨重，这就是为什么多肉植物大棚的植物都是定期喷药的重要原因。不过这一点，还是要根据个人意愿而定。

别急着搬出去晒太阳

多肉植物与太阳的关系一直很纠结，这家伙明明非常喜欢光照，可光照猛烈了又会把它晒伤，够矛盾的吧。

尤其是在初春这个当口，在暖气房里蛰伏了整个冬天，终于春天到来了，温暖的阳光和舒畅的空气很让人心动，于是我们好想把心爱的多肉植物也挪出去好好享受一下春光。且不说初春时早晚温度还较低，单就光照而言，即便在春天，正午的日光直射也会灼伤多肉植物。但在室内就会不同了，也是在光照充足的南阳台，但隔着一层玻璃，紫外线会被削弱很多，不会给植株造成灼伤，同时还能顺利进行光合作用，避免徒长。

光照在右边，植株向光生长，结果就长偏了，在保证充足光照时，也要转盆，保证全株受光均匀。

因此，春天时候晚一些移到室外，一旦搬出去了就要注意适当在正午时遮阴。遮阴的意思是遮住过强的光线，但并不是全都遮住，也可遮个黑网，让植株沐浴在散射光当中。

叶插、茎插，让你的多肉植物繁衍子嗣

多肉植物繁殖的方法在引言中简单介绍过，春季是多肉植物扦插的最佳季节，叶插、茎插、分株等等都能让你的多肉植物队伍逐渐壮大起来。不管叶插、茎插，还是分株，一般都经过这几个步骤：

1. 叶插选择健康、饱满、成熟的叶片，要从根部掰下来——如果从中间掰下来可是插不活的。茎插选择粗细适中的枝杈，从分支点最底端剪下，不管是叶子还是枝杈，剪下后都要放在阴凉通风处搁几天，为的是让切口干燥，放到介质中以免被细菌污染，而导致叶插、茎插失败。

2. 如果是分株，先把小植株从母株上分离下来，剪掉过多的须根，须根越少越容易生发新根，植株服盆也就更快。

3. 用来叶插的盆器不限，可以是育苗盒，也可以是各种盆器，但最好口径大一些，深度不限，因为小苗长大后必定要移栽到其他盆器中。如果是茎插，则要选与叶插苗相适应的盆器，茎插生根后，可以继续在盆器中生长而不移栽。分株同理。

4. 对于叶插，有人喜欢把叶子埋一半到土里，其实完全平铺在介质表面也可以，不影响出苗率。

5. 叶插后，可以每天给叶片喷雾，但要少许。茎插和分株的小苗，则最好上盆放两三天后再少量给水。

6. 多肉植物的成株比较耐旱，但小苗的储水能力稍差，因此叶插出苗后一定要及时喷水，保持盆土湿润，但要放在通风处，否则容易滋生病菌。

1.徒长的八千代，茎基部爆出密密麻麻的小崽，原来的嫩绿的茎已经开始木质化了，估计不长时间就变成了八千代老妖。

2.手太快了，小崽都掐掉了，不知道会不会接着爆出生长点？

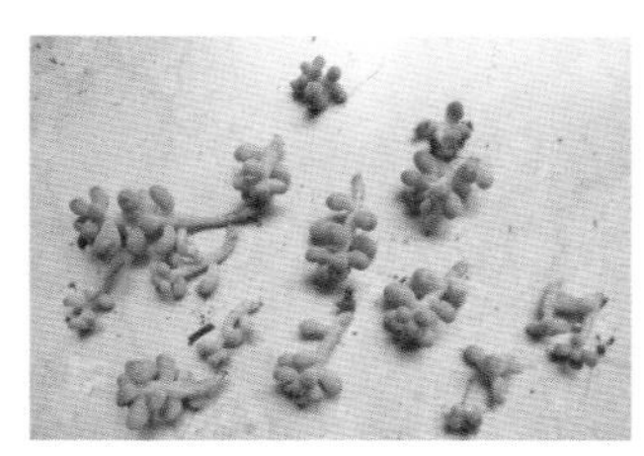

3.被揪下来的八千代小崽，有没有子子孙孙无穷尽的感觉。

4.简单处理后，上盆了，分株成功！

5.有些徒长的静夜，茎基部爆出很多小崽，可以把头砍掉，重新扦插。

6.冬天一直放在南窗边，双层玻璃，所以晚上温度也不会低于10℃，生长正常，颜色还蛮诱人的哈。

7.茎干基部的小崽，粗粗数了一下，六头左右。

8.从三分之二处砍掉，还可以揪掉一些叶片进行叶插。

9.砍头后的静夜，已经上盆了，小崽们应该会生长得更快。

10.准备茎插的植株，要先晾一晾切口，避免植株感染细菌，其实不应放在盆土中晾晒，我偷懒了，旁边是揪掉的叶片，可以叶插，静夜叶插成功率很高，但小植株长的会比较慢。

11.被砍头的黑法师，准备进行茎插。

12.砍头后的茎插、叶插。

13.叶插的桃之卵、格林、蒂亚、帕米玫瑰等等，这是叶插第三天。

14.一大盆叶插苗，乱放的，根本认不出品种，原谅我的懒惰吧。其实叶插时，最好在叶片旁边插个标牌，写上名字。

15.这里面有雨燕座、猎户座、月光女神、黛比等，也是叶插的第三天。

春季生长迅速的多肉植物品种

春秋型种

虹之玉

▸ 科属

景天科景天属

▸ 形态

嫩茎深绿色，木质化的老茎红褐色，叶片肉质椭圆形，互生，光照充足时，叶尖变红，其他时期，叶片保持绿色。

▸ 繁殖

茎插、叶插。

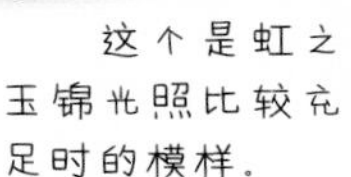

这个是虹之玉锦光照比较充足时的模样。

虹之玉锦，光照不足时，叶片呈现剔透的白色。

多肉的小个性

虹之玉的斑锦品种叫“虹之玉锦”，外形类似虹之玉，叶片呈白绿色，光照充足时，叶片变成粉红色，生长速度较虹之玉而言，要慢很多。

多肉养护秘笈

喜光照，但烈日强光会灼伤叶片，耐干旱，也耐一定水湿。冬季有暖气的室内可正常生长，5℃以上可顺利越冬，夏季也没有明显的休眠迹象，生长迅速，管理得当少有病虫害。

春秋型种

八千代

科属

景天科景天属

形态

叶子形态长棒形，紧密簇生于茎干上，叶片绿色，光照充足时，夜间会变红。

繁殖

茎插、叶插。

八千代与乙女心外形类似，容易混淆。最简单的分辨方法是，乙女心的棒状叶片更长更宽大，乙女心的茎干容易滋生新的生长点，而八千代不是。

多肉养护秘笈

喜温暖通风、光照充足的环境，没有明显的休眠期，四季均可生长，春秋季适量增水，夏季高于35℃时少浇水，冬季低于0℃时断水。

黑法师

▸科属　景天科莲花掌属　▸繁殖　茎插。

▸形态

叶片黑紫色，光照不足时新长出的叶子呈绿色，叶片薄卵形，容易分枝，休眠时很容易掉叶子。

这就是黑法师原始种

多肉的小个性

黑法师的原始种与黑法师虽外貌相似，但叶色截然不同，原始种叶色碧绿，完全不会变黑。

多肉养护秘笈

喜欢肥沃、疏松的土壤，生长期叶片饱满、黑亮，夏季高温时会半休眠，冬季温度低于5℃也会进入半休眠期，进入半休眠或休眠期时要减少浇水或断水。春季时要施1次缓释肥，喜欢光照充足的环境，但强烈的日照会晒伤叶片，因此要适当遮阴。

春秋型种

千佛手

多肉的小个性

千佛手扦插的叶片2周左右就会生根长出小植株，沿着吊盆的四周摆放叶片，植株慢慢长大弯曲下垂，挂在室内，会有非常别致优雅的装饰效果。

植株越长越大会慢慢弯曲下去，变成垂盆的植物，叶插成活率极高。

科属 景天科景天属

形态

叶片的形状像手指，前端很尖，光照充足时叶尖会变成红色，枝干容易木质化，成株会向下弯曲生长，如吊兰一样。

繁殖

叶插、茎插。

多肉养护秘笈

对肥水需求不多，喜欢光照，但烈日直射时，非常容易灼伤叶片，缺水时叶片会变得干瘪，夏季和冬季温度适合时都能继续生长。

春秋型种

紫珍珠

多肉的小个性

紫珍珠最容易长蚧壳虫和根粉蚧，稍不注意就会遭虫害，预防的方法就是放在通风处，并且提前埋药预防。

科属

景天科石莲花属

形态

叶片卵圆形，先端尖，比较薄，缺日照时叶片呈灰绿色，加大日照且温差变大时，叶片会转成紫红色。

繁殖

茎插成功率高。

多肉养护秘笈

对肥水的需求不多，如果春季移栽，移栽时底肥充足，可以半年左右不用施肥。喜欢光照和温暖通风的环境，冬季低于5℃会半休眠，夏季高于35℃会进入休眠期。闷热通风差时特别容易长病虫害。

▸ 科属

景天科拟石莲花属

▸ 形态

叶片长勺形，肉质，叶片上覆白粉，但很容易被蹭掉，光照充足且温差加大时，叶色紫红，像玫瑰一样漂亮。

▸ 繁殖

茎插，叶插成功率低。

霜之朝之所以美，是因为叶片上的白粉，因此浇水、移动时要格外小心，千万别碰到叶片。

多肉养护秘笈

霜之期最容易长蚧壳虫和根粉蚧，稍不注意就会遭虫害，预防的方法就是放在通风处，并且提前埋药预防。

多肉的小个性

喜欢温暖、干燥通风的环境。

夏型种

大花犀角

多肉的小个性

因花型像海星，故也称“魔星花”。

科属

萝藦科豹皮花属

形态

茎四角棱状，棱边有突起的小刺和绒毛，茎深绿色，花呈五角星状，淡黄底色，紫色横纹，形状很像海星。

繁殖

茎插或分株。

多肉养护秘笈

喜光照，也耐半阴，比较耐旱。温度低于5℃会进入半休眠期，此时要断水。夏季只要通风好、光照足即可，可以正常浇水。

夏型种

熊童子

黄熊也叫熊童子黄锦，价格比熊童子稍高，长势较慢。

多肉的小个性

熊童子的近亲品种有常见的白熊、黄熊和不常见的黑熊品种等，它们的价格远远高于熊童子。市面上的白熊品种价格特别高，而且生长慢，小苗不好养活，建议新手酌情选购。

白熊也叫熊童子白锦，生长极慢，特别怕水，出现问题了，多半是水浇多了，建议新手们，暂时不要入手白熊。

科属

景天科银波锦属

形态

叶片肥厚，覆盖一层白色绒毛，形状很像熊掌，因此得名。光照充足时，叶片尖端的几个小爪会变成红色，如同给熊爪涂抹了一层红色指甲油。

繁殖

茎插。

多肉养护秘笈

喜温暖通风、光照充足的环境，对肥水的需求不多。夏季高于35℃时要断水，冬季低于5℃时也要少浇水或断水，冬夏季生长慢，春秋季相对快些。

▸科属

景天科莲花掌属

▸繁殖

茎插容易成活。

▸形态

叶片长勺形，边缘有锯齿，光照不足时全株绿色，光照充足且温差大时，叶片会变成淡淡的粉红色，边缘红得诱人。很容易群生，生长也比较快。

多肉养护秘笈

喜欢光照充足、通风好的环境。冬季低于5℃会进入半休眠状态，掉叶子并且停止生长，植株紧缩不再舒展。

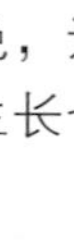

多肉的小个性

不通风的情况下，叶片上容易长黑斑，水多会烂根。

夏型种

子持莲华

▸科属 景天科瓦松属 ▸繁殖 茎插，剪下个枝杈很容易生根。

▸形态

植株很小，叶片长圆形，层层包裹变成莲花状，而且极容易群生爆盆，叶片生长期呈淡淡的绿色，裹着一层白粉，休眠期全株紧缩，像卷心菜一样。

子持的花，如果不想让植株死亡，在抽出花葶时，要及时剪去。

春秋生长极快，爆盆的速度惊人。

多肉的小个性

母株秋天会开花，花开过后母株死亡，小植株继续生长。

多肉养护秘笈

喜欢温暖通风的环境，在生长期浇水多一些也没关系。夏秋生长期很容易长根粉蚧，最有效的方法是弃土弃盆，丢掉母株，剪下小的植株重新扦插。

夏型种

花月夜

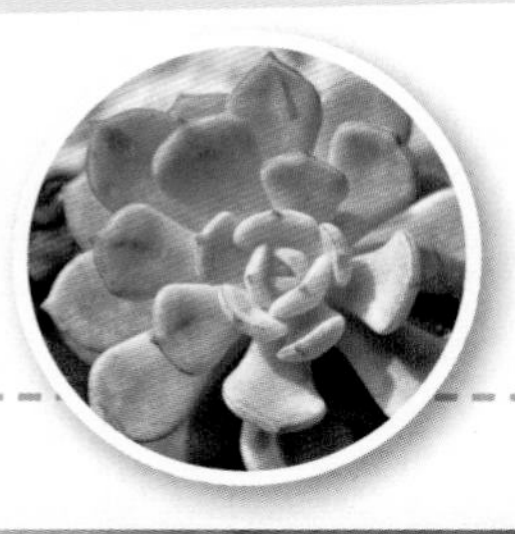

多肉的小个性

很容易群生，但群生后大植株叶片就会变长，莲座松散不紧实。

科属

景天科石莲花属

形态

叶片长勺形，叶端有尖，叶缘粉红色，叶片嫩绿色，表层被白粉，很容易群生。

繁殖

茎插或叶插。

多肉养护秘笈

喜欢光照，但夏季光照强烈时要适当遮阴，对肥水的需求不多。夏季温度过高会休眠，休眠期要适当断水，否则容易烂根。冬季温度在5℃时还能继续生长。

春秋型种

初恋

科属

景天科拟石莲属

形态

叶片匙型，上面覆盖一层薄薄的白粉，光照不足的话，叶色呈青绿色，光照充足时，叶片变成粉红色。

繁殖

茎插或叶插。

多肉的小个性

春季是生长季，如果想让植株生长更快，可以每个月施一次稀薄液肥。

多肉养护秘笈

喜欢通风好、光照足的环境，比较耐旱。冬季5℃时还可以继续生长，春秋季适当增水，夏季减水。

图片上角的那片叶子是通风不佳或水多引发的病虫害，防治方法是去除染菌的叶片，喷洒多菌灵。

黑王子

▸科属 景天科石莲花属 ▸繁殖 茎插或叶插。

▸形态

叶片长勺形，先端尖，叶色黑紫，缺光时叶色绿色，光照充足时叶片变黑亮，但新长出的部分还是绿色。

黑王子如果光照不足，叶片也会慢慢变绿。

多肉的小个性

小植株更美观，植株变大叶片会伸长，莲座不再紧实，因此黑王子生长期也要少浇水，盆土稍微干燥些能有效防止植株徒长。

多肉养护秘笈

喜光，对水分的需求不多。夏季高温时会停止生长，此时要断水。春秋季生长较快，冬季可耐0℃以下一定范围内的低温。

春秋型种

姬星美人

科属

景天科景天属

繁殖

茎插或分株。

形态

非常袖珍的多肉品种，叶片迷你肉质，色泽深绿，深秋季节，叶片会泛出淡淡的粉红色，非常容易群生。

多肉的小个性

姬星美人非常小巧，群生成一盆很壮观，也可以点缀在其他多肉中，如黑法师等茎干挺直的多肉植物，既可以起到装饰作用，又能节省空间。

多肉养护秘笈

夏季不能暴晒，其他季节要保证光照充足。冬季减少浇水，0℃以下会冻伤，夏季也要减少浇水，否则植株徒长得很厉害。

夏型种

雅乐之舞

▸科属

马齿苋科马齿苋属

▸形态

茎干褐色，小叶很圆，叶面光滑，叶色翠绿，上面有不规则的白色斑纹，光照充足且温差较大时，叶缘会变红，那时叶片很像精致的碧玉，极美。

▸繁殖

茎插。

多肉的小个性

市面上很多出售的成株雅乐之舞是被造型的，蟠扎、修剪后更具观赏价值，可做盆景来凸显居室的大气典雅。

多肉养护秘笈

喜光，耐旱。冬季温度低于5℃会生长缓慢，其他季节可适当多浇水，但也不要积水，如果水多了，要保持通风良好。

夏型种 吉娃莲

科属

景天科石莲花属

形态

叶片肉质，长勺形，叶端有尖，光照充足且温差大时，莲座会变紧凑，叶尖变红，非常漂亮。

繁殖

茎插或叶插。

多肉的小个性

从外形上看，与花月夜非常相似，但吉娃莲的“红指甲”要比花月夜的叶尖更有魅力。

多肉养护秘笈

喜光。夏季高温时要少浇水，度夏越冬都不难。如果夏季通风良好，冬季室温适合，一年四季都能正常生长。

夏型种

金枝玉叶

科属 马齿苋科马齿苋属 繁殖 茎插。

形态

茎干褐色，肉质叶对生，外貌与雅乐之舞很像，只是叶片颜色不同，金枝玉叶的叶片翠绿，不会变色。

多肉的小个性

金枝玉叶扦插后，生根很快，一般20天左右就会生新根，在通风好、光照佳的环境下很少有病虫害.

多肉养护秘笈

与雅乐之舞的习性差不多，也是喜光、耐旱，但不耐寒。夏季放在通风好、不暴晒的地方，很容易度夏。夏季是生长期，因此要多浇一点水，冬季保持盆土干燥。

夏型种

碰碰香

手碰一下叶片，会有淡淡的苹果香，长得特别快。茎干容易木质化，但很容易招毛毛虫。

多肉的小个性

很容易群生，但群生后大植株叶片就会变长，莲座松散不紧实。

科属

唇形科香茶菜属

繁殖

茎插。

形态

肉质茎嫩绿，叶片圆形，对生，边缘有锯齿，绿色叶片上覆盖一层白色的小绒毛，很容易枝干化，生长快，轻轻碰触一下，会有苹果的清香，让人神清气爽。

多肉养护秘笈

喜光，可耐半阴，耐旱也耐寒。冬季温度低于0℃时会停止生长，但春季会萌发生机快速生长。冬季少浇水，其他三季多浇一点，太旱会黄叶、落叶。

春秋型种

高砂之翁

多肉的小个性

据说，高砂之翁与女王花笠很相像，有经验的花友介绍说，女王花笠的叶片上会长疣状突起，大家可以对比看看。

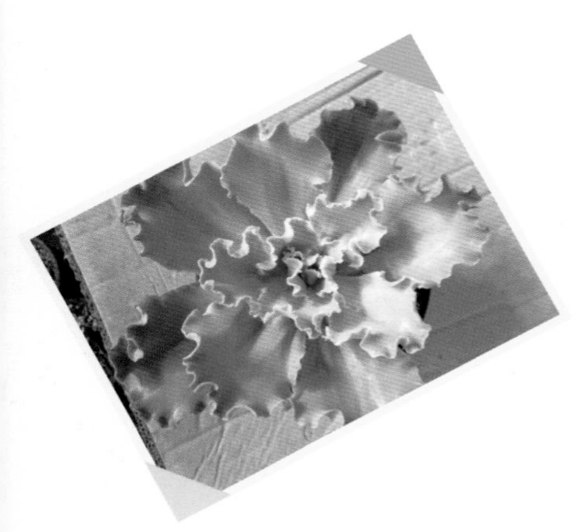

科属

景天科石莲花属

形态

叶片圆形，叶端有波浪似的褶皱，相比那些紧凑小巧的多肉植物，高砂之翁有点“高端大气”。如果缺少光照，叶片会是绿色，光照充足，叶片会出现粉红色，覆盖一层薄薄的白粉，色彩层次出来后就好看很多。

繁殖

茎插或叶插。

多肉养护秘笈

喜欢光照充足、通风好的环境，夏季只要阴凉通风便不会休眠，冬季温度不低于5℃也能正常生长。春秋夏季相对多浇水，冬季少浇水，春秋季每月施一些磷钾肥。

春秋型种

丽娜莲

多肉的小个性

丽娜莲与露娜莲长得很相像，但露娜莲的叶片没有那个明显的波折，更圆润，而且色泽比丽娜莲更有魅力，但露娜莲长得比较缓慢，丽娜莲长得更快些。

科属

景天科拟石莲花属

形态

叶片圆匀形，叶端有个很美的尖，叶片有个比较明显的波折，不像其他肉质叶片那样圆滑，叶片上覆盖着一层薄粉，光照充足时呈现淡淡的紫色，叶边变成粉红色。

繁殖

茎插或叶插。

多肉养护秘笈

秋天是生长季节，此时要保证光照充足，给水充足，夏季温度不高于35℃，冬季温度不低于5℃，都可以正常生长，但在这两个温度的临界时，要注意少浇水或断水。

雪莲

多肉的小个性

雪莲还有个近亲品种叫芙蓉雪莲，后者的价格相对较低，芙蓉雪莲叶端有个小尖，覆粉的浓厚程度比雪莲差很多。

芙蓉雪莲，算得上是雪莲中的平价品种，如果想养雪莲，不如从芙蓉雪莲入手。

科属

景天科石莲花属

形态

叶片肉质肥厚，呈匙形，叶片紧密排列成莲座状，相较于其他多肉植物，特点是叶片上覆盖着一层厚厚的白粉，温差大、光照足时叶片转成鲜嫩的粉红色，其他时间则呈青绿色。

繁殖

茎插或叶插。

多肉养护秘笈

极其喜欢光照，夏季要通风防晒，春秋季可每周浇水一次，但切忌满盆灌溉，喷湿土壤即可，春季换盆时施足底肥可不用再施肥，浇水时千万别把水浇到叶片上。

春秋型种

青星美人

多肉的小个性

厚叶草属的青美人、星美人、桃美人外形都很像：青美人叶色淡蓝色，覆盖着一层薄粉；桃美人叶片滚圆饱满，有个小小的红尖；青美人叶端也有红尖，也是叶片瘦长，不如桃美人饱满。

科属

景天科厚叶草属

形态

叶片匙型、肥厚，呈环状排列，叶端有尖，光照足时叶尖会变得红红的，模样诱人。

繁殖

茎插或叶插。

多肉养护秘笈

喜欢光照，在春秋生长季节可以适量多浇点水，每半个月施一些稀薄的磷钾肥，此时一定要光照充足，否则多水多肥很容易徒长。夏季高温时适当少水，冬季温度不低于5℃时正常生长。

夏型种

子孙球

科属

仙人掌科子孙球属

形态

球体绿色，棱底由螺旋状排列的疣构成，疣的顶端是刺座，常从基部生出许多子球，开红花，花形漏斗状，十分艳丽。

繁殖

分株，最简单的繁殖方法。

多肉的小个性

每年春季开花，如果开花稀少或是没有开花，多半是光照不足造成的，即便在夏天，也可以把它摆放在向南阳台窗边，光照不足不仅影响球体，还会导致花开得小。

多肉养护秘笈

喜欢温暖、干燥、光照充足的环境，春夏秋生长，春季开花，生长期保持盆土湿润，但忌积水。夏季高温、高湿时要保证良好的通风，冬季可以断水。

夏型种

金手指

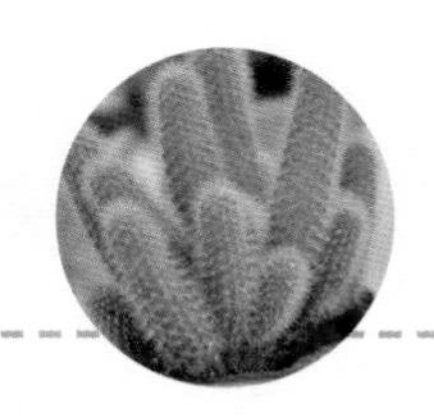

▸ 科属

仙人掌科乳突球属

▸ 形态

茎肉质、修长，密生金黄色软刺，茎干绿色，但被刺座包裹后，远观像金黄色的茎干，因形似人的手指而得名，春夏季开花。

▸ 繁殖

分株、茎插。

多肉的小个性

金手指外形特别优雅，放在工作台边做点缀很合适，小巧别致，春夏还会开一些橙色的小花，它属于仙人掌科里的小型品种，不用担心它会暴长，一般两三年换一次盆就可以。

多肉养护秘笈

最适宜生长的温度在15℃～25℃之间，夏季高温时会短暂休眠，冬季越冬要注意，它的抗冻能力差，要注意保暖。生长期间要保证充足的光照，保持盆土湿润，埋一些缓释肥或是每个月施稀薄的磷钾肥。

夏型种

基生仙人掌

科属 仙人掌科仙人掌属 **繁殖** 叶插、播种。

形态

植株丛生，叶片圆形、扁平肉质，上面密布刺座，刺座上有短芒刺，有点、无刺。相比较其他仙人掌，基生仙人掌算是外形典雅秀气的。

多肉的小个性

大多数多肉植物都可以用播种法繁殖，播种繁殖的小苗在很多地方优于其他方法繁殖的幼苗，但播种比较麻烦，譬如介质要高温杀毒、杀菌，种子要用多菌灵浸泡杀菌，然后还要保证环境的温湿度，新手匆轻易尝试。

多肉养护秘笈

喜欢干燥温暖的环境，四季均要求充足的光照，生长期每周浇水1～2次，每月施一次稀薄磷钾肥水，夏季高于35℃可能会有短暂的休眠，冬季彻底休眠，冬季断水。

夏型种

金琥

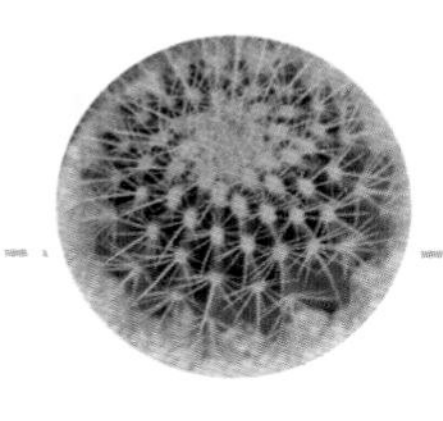

▸科属　仙人掌科金琥属　▸繁殖　播种、嫁接。

▸形态

植株圆球形，生长迅速，每株上有28条左右的深棱，棱上具刺座，因刺的长短、颜色不同可分为狂刺金琥、白刺金琥等。花白色或金黄色。

多肉的小个性

管理得当的话，金琥会生长的比较迅速，最大的植株直径超过1米，外形相当霸气，居室中摆放一盆金琥，别有情趣。

多肉养护秘笈

光照足、土壤肥沃是金琥健康生长的基本条件，一般春、夏、秋三季生长，生长期每周至少浇水1次。春秋季每个月施肥一次，稀薄的磷钾肥。冬季低于5℃就可能发生冻伤，因此冬季保暖比较重要。养金琥最好用瓦盆或是陶盆，不要用瓷盆和塑料盆。

天哪，我的多肉植物也苦夏

过了舒适温暖的春天，夏季到了（6~8月）。

夏季给我们的整体感受是闷热、潮湿、大汗淋漓，还有就是缺乏食欲，古语管这叫“苦夏”。而多肉植物到了夏季，也似乎有点蔫头耷脑，在明晃晃的紫外线面前，真是精神不起来呢！

面对潮湿高热的夏季，多肉植物与我们的感受颇为相似，大家都觉得夏天待在空调房里“猫着”是最惬意的事情，对于多肉植物而言，少水、通风是最重要的度夏条件，根据品种不同也需要区别对待，如有些品种滴水不能沾，只能待在阴凉通风处熬着；有些品种在通风极好、散射光的条件下，则可以正常浇水。

夏

mer

多肉植物最怕潮湿闷热的环境

因自身特点，多肉植物最怕潮湿闷热的环境，如果在这种环境中再积水，那就是三管齐下，非治多肉植物于死地了。

少浇水，或者断水

尽量少浇水对任何多肉植物来说都是必需的，但这个少浇水，或是少浇到什么程度却各有不同。

即将入夏，这一盆都是小苗，里面有柳叶莲华、姬胧月、胧月、山地玫瑰、丽娜莲、露娜莲、月影、青美人、小玉等等，在同样光照和浇水的情况下，能看得出姬胧月和胧月已经徒长了，说明度夏时这两种应减少浇水。

1. 像五十铃玉、玉露等品种，进入35℃以上高温的天气，会完全休眠，此时一点水都不需要，即便此时再缺水变蔫，到了9月份也能迅速缓过来。

2. 番杏科的生石花、肉锥等放在阴凉通风处，根据天气情况给微量水。

3. 给水时间要选在太阳落山后的傍晚，此时温度低，夜间温度低且湿度相对

小，植株的根系能迅速吸水，储备到叶片或是茎干中自用，而不会使根系受到煎熬。

4. 如果室内养，除了做好通风外，选在晴天的傍晚给水，每次少给水，尽量用喷雾，少量多次不会出大问题。

5. 如果露养，做好遮阴工作后，可正常给水。一位多肉植物的经营者分享自己的经验说，把多肉植物放在南墙根下，正常给水，不但能顺利度夏，而且生长都不耽误，去年尝试了一下，确实比放在室内要更容易度夏。

6. 如果所用的盆器是陶土、紫砂等透气、透水好的，可适当多给水，如果是瓷盆、塑料盆等透水、透气性差的，要减少给水。

夏季通风的几个妙招

1. 露养。如果有条件，露养是最好最妥善的度夏方法，给你的多肉植物大军团搭个凉棚，然后整齐地摆放在底下，几乎不会有休眠的，第一地面能吸收空气中的热量，第二露养是四面八方都通风，不必顾及会不会闷热烂根等问题。

2. 人为制造通风环境。曾见过某大棚里放了一台大功率的电风扇，说是促进气流转动用的，那不妨给多肉植物也吹吹风扇，在闷热的天气里，让他们也享受一下人为降温的凉爽感觉。

3. 转移到北阳台度夏。北阳台相比较光照充足的南阳台，是个不错的凉爽地儿，可以将多肉植物大军分批摆放。那些休眠明显的多肉植物转到北阳台，因为那里背阴凉爽，而那些耐高温、休眠不明显的多肉植物则继续在南阳台休养生息。

韧锦

夏季休眠明显的宝绿。

如何判断多肉植物进入休眠状态

1. 植株停止生长，很久都没有变化，遇到这种情况，植株可能休眠了。

2. 叶片颜色变暗，失去光泽，植株变得没精神。例如黑法师，进入休眠后，叶片变软，原来的叶片光泽消失。

3. 会有落叶，进入休眠期后，植株会出现落叶的情况，也有从叶尖或是顶端逐渐枯萎的。譬如有些多肉植物品种，露在土壤外的部分会枯萎，有人以为植株死掉了，其实人家是休眠了。

如果上面三个特征都符合，多肉植物一定是休眠了。其实进入休眠期的多肉植物根系也会发生变化，只是我们观察不到，但通过以上三个特征，就完全可以判断多肉植物是不是进入休眠状态了。

2012年8月买的第一盆多肉植物，半休眠的五十铃玉，大家送了我两个字“必死”，但是我却养活了。

对于我这个超级新手来说，五十铃玉顺利度夏，不仅没死，还开了花，自信心一下爆棚呀。

黑法师刚从室外搬进来，叶片瘦长，是准备半休眠了吗?

虽然下雨淋的都是泥点，但是黑法师精神满满呀。

仙人掌类植物快速生长

夏季是仙人掌类植物快速生长的季节，因此管理方法就与休眠或半休眠的品种有些不同。

1. 先来说浇水，对于多肉植物来说，浇水似乎是第一大难题，到底每周浇几次水，每次浇到什么程度，如果真有人照本宣科回答了你的问题，那才是不负责任。浇水要参考的要素太多了，根本没办法规规矩矩的几天浇水一次，以及浇水多少。

夏季休眠明显的玉椿，有没有感觉像个大虫子。

就拿“夏型种”的仙人掌类植物来说，要充分浇水，只要不积水，都没大问题。反而浇水少会影响植物生长，造成生长缓慢，品相不佳等，植株可能还会因缺水而枯死。浇水的时间不要在正午高温时，其他时间均可。如果你所选用的盆器是透水透气性好的，稍微多一点水，反之少一点水。

休眠明显的星王子和星乙女。

2. 正在生长旺季的仙人掌类，一定要给予充足的光照，除了正午紫外线最强烈时要适当遮阴，其他时间都要保证充足的光照，否则植株会徒长。对于仙人掌类植物来说，徒长会严重影响品相，景天科的多肉植物们徒长了还能变成老桩，金琥要是徒长那就无法直视了。

3. 既然是夏季生长迅速的品种，那就一定不怕高温，相对其他多肉植物来说，仙人掌类确定耐高温天气，但如果温度持续35℃以上，也要考虑通风降温了。可在盆土表层铺一层白色的石子，可以反射阳光，避免内部吸热。有条件的话，可以给植株吹风扇，加强通风。但不要放在空调房里，因为降温太多，通风差，仙人掌可能会以为休眠期又到了呢。

仙人掌科的金手指。

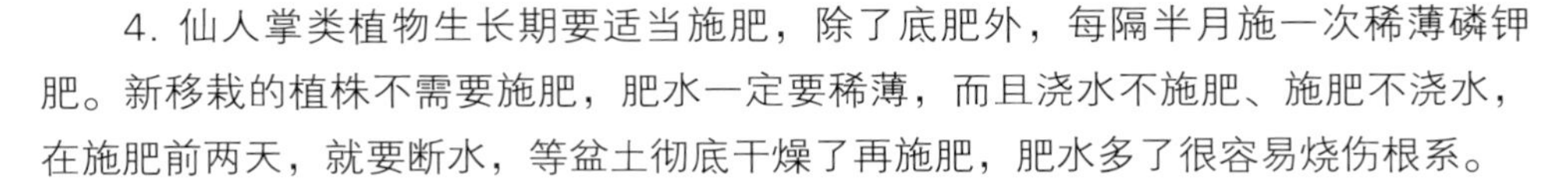

4. 仙人掌类植物生长期要适当施肥，除了底肥外，每隔半月施一次稀薄磷钾肥。新移栽的植株不需要施肥，肥水一定要稀薄，而且浇水不施肥、施肥不浇水，在施肥前两天，就要断水，等盆土彻底干燥了再施肥，肥水多了很容易烧伤根系。

千防万防，防不住多肉植物长蚧壳虫

蚧壳虫和根粉蚧是多肉植物的天敌，似乎年年预防年年都会遇到。蚧壳虫还好说，在叶片上能观察到，根粉蚧都趴在根系中，除非翻盆是绝对不可能发现的。

春秋季节，多肉植物生长的旺季，特别容易犯蚧壳虫，如果夏天闷热、通风差，蚧壳虫也会来访。有一个多肉植物新手特爱的品种——紫珍珠，特别容易被蚧壳虫祸害。

这个盆中的紫珍珠明显不精神，看到紫珍珠叶心部位的白点了吗，那就是蚧壳虫。夏秋季节，只要有蚧壳虫，黑霉病也会一并发生。

对付蚧壳虫的方法：

1. 预防为主，加强通风，拉大盆距，让每盆植物都有足够大的呼吸空间。

2. 春秋季时，可以提前喷点无公害的药物，或是埋在盆土中。

3. 一旦发现有蚧壳虫了，少时可以手捉，用小镊子夹走，多了就必须用药。

4. 及时把病株隔离，仔细观察其他盆的多肉植物有没有受到伤害。

5. 通常犯了蚧壳虫的多肉植物，也会被其他病害盯紧，因此看着实在没法救治了，该砍头的砍头，该叶插的叶插，繁殖新植株，果断丢弃病株。

对付根粉蚧的方法：

预防的方法与蚧壳虫一样，如果没防住，只能翻盆，丢掉土和盆，把须根修剪掉后，重新上盆等待新根系长出。

多肉植物顺利度夏的窍门

1. 保证环境通风、凉爽。

对于进入休眠期或半休眠期的多肉植物，最重要的就是环境舒适，通风好、气温相对低，如果环境密闭，植株很容易滋生病虫害。

2. 适当节水。

多肉植物进入休眠期或半休眠期后，植株停止生长，对水分的需求相对少。半休眠的植物，适当给水，喷湿盆土表面即可。完全休眠的植物，要断水，滴水不给，否则容易腐烂。

搞清楚哪些品种夏季休眠

百合科：条纹十二卷、玉露、寿、玉扇、万象、子宝、卧牛、照姬、大苍角殿等。

玉扇

玉露

条纹十二卷

番杏科：生石花、五十铃玉、帝玉、少将、金玲、宝绿等。

少将

金玲

五十铃玉

景天科：玉椿、星乙女、星王子、铭月、姬胧月、紫珍珠、黑王子、蛛丝卷绢、熊童子等。

紫珍珠

黑王子

姬胧月

蛛丝卷绢

夏季休眠明显的多肉植物品种

春秋型种

生石花

▸ 科属

番杏科生石花属

▸ 形态

生石花植株矮小，对叶倒圆锥体，秋天时会从两片叶子中间开出类似玛格丽特的小花，叶上花纹多样，因品种不同外观会有稍许差别，生长过程中会蜕皮，每蜕皮一次，会生出一对新的小植株。

▸ 繁殖

分株、播种。

多肉的小个性

生石花是个统称，生石花品种的名字中多有个“玉”字，譬如绚烂玉、舞岚玉、菊水玉、红大内玉、珊瑚玉，等等。

多肉养护秘笈

喜欢充足的光照，也可耐半阴。夏季35℃以上会休眠，冬季5℃以下会休眠，但这都是相对的，夏季露养，即使超过35℃也能正常生长。由于根系简单，所以千万不能积水，生石花不会干旱而死，多是积水涝死的，对养分的需求不多，新手不要盲目施肥。

冬型种

五十铃玉

多肉的小个性

五十铃玉是很多新手的偏好，但浇水对于它来说要特别慎重，稍微干点都没事，就是不能多，可以采用每次都喷一点儿，但千万别满盆灌溉，叶子爆裂外貌变丑不说，还会烂根死掉。

科属

番杏科棒叶花属

形态

外形极像棒槌，如果不开花，远观就像一丛翠绿的小棒槌，截面上泛着晶莹的颜色，花朵很漂亮，橙黄色，从顶端看很像瓜叶菊。

繁殖

分株。

多肉养护秘笈

喜欢散射光，对水分需求不多，可以通过观察叶片来浇水，当叶片有点干瘪时适量浇点水，水大的后果很惨重，多数叶片会拦腰截断，直接影响品相。如果上盆时添加了盆底肥，平时就可以不用施肥了。夏季休眠，要果断断水。

五十铃玉的繁殖方式就是分株，从两个叶片中间会分生出新的植株。

茜之塔

春秋型种

科属

景天科青锁龙属

形态

叶片对生，长三角形，密集排成四列，基部最大，从外形看很像尖塔，塔座宽，越往上越尖，光照不足时，叶色墨绿，光照充足时，叶色会变成紫红色。

繁殖

分株、叶插。

多肉的小个性

原产于南非，现在在世界各地都有分布。当植株长满花盆时，可在春季换盆。

多肉养护秘笈

喜光照充足、通风干燥的环境，春秋生长季正常浇水，夏季高温时会休眠，忌水湿，除了夏季正午适当遮阴，其他季节都要光照充足，否则会使植株叶间距拉长，外形变丑。

玉扇

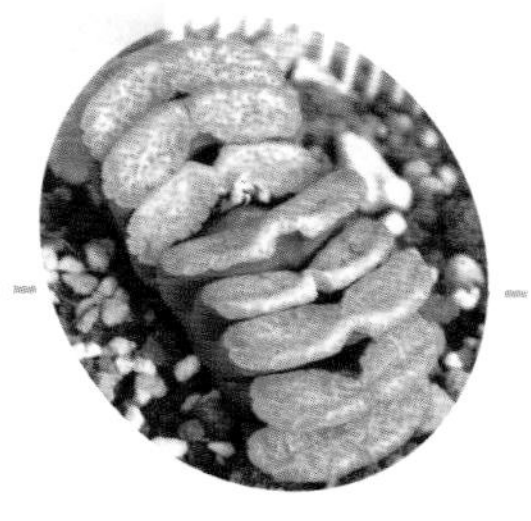

▸科属　百合科十二卷属　▸繁殖　分株、叶插。

▸形态

玉扇也叫截形十二卷，确实有点像直立的肉质叶片被拦腰截断的样子，叶片厚实，外皮粗糙，叶色暗绿，截面透明，有的截面相当平整，有的则拱出呈圆形，色泽晶莹。因整株形状像扇子，故名玉扇。

多肉的小个性

生石花是这类多肉的统称，生石花品种的名字中多有个“玉”字，譬如绚烂玉、舞岚玉、菊水玉、红大内玉、珊瑚玉，等等。

多肉养护秘笈

散射光最佳，耐旱忌水湿，春秋季可适当多浇水，夏季高温时要减少浇水，除了施盆底肥外，在生长季每个月施一次稀薄的磷钾肥。

玉 露

多肉的小个性

玉露的园艺品种很多，如草玉露、姬玉露、大型玉露、冰灯玉露等。玉露对水分需求不多，如果浇水过多，会叶片伸长，会破坏株型的紧凑性。

麻皮的地方是被晒伤了，玉露并不需要太强的光照，散射光或是半阴最佳。

科属

百合科十二卷属

形态

整个植株小巧玲珑，叶片圆柱形，越向上越浑圆剔透，因品种不同，叶上的花纹有所不同，有叶端浑圆的，也有叶端较尖的。

繁殖

分株。

多肉养护秘笈

喜欢散射光，喜欢通风凉爽的环境，不耐高温，高温时会进入半休眠状态，比较耐旱。春秋季增水，夏季减水，冬季低于5℃会停止生长，此时应少浇水或断水。生长缓慢，对肥料需求不多，春秋季时每月施一点稀薄磷钾肥，如果换盆时底肥充足，则可以免施肥。

紫玄月

春秋型种

科属

菊科千里光属

形态

茎紫色，细长，呈匍匐下垂式生长，叶片长圆形，先端尖，光照充足时，叶片泛紫韵，秋天会抽葶开黄色小花，生长快。

繁殖

茎插。

多肉的小个性

露养通风好，紫玄月夏季根本不会休眠，而且生长极其迅速，扦插一棵幼苗在土里，一个月能长成很大一片，因此要想种好紫玄月，接地气是必需的。紫玄月深秋时会开黄色小花，样子很像小菊花，因此它还有个别称叫“黄花新月”。

多肉养护秘笈

喜欢温暖、湿润的环境，耐半阴，生长季每周浇水1次，如果浇水过多，环境荫蔽，植株的茎节会拉长，叶片瘦长不饱满，施足底肥后可不用再施肥。夏季高温时会半休眠。

春秋型种

少将

科属　番杏科肉锥花属　繁殖　分株、播种。

形态

茎短，肉质叶片顶部有个鞍形中缝，中缝深度不到1厘米，分开的两个叶端呈钝圆形，叶色深绿，光照充足时叶端变红，开黄色的小花，花形似玛格丽特。

多肉的小个性

肉锥花属的植物外形上都很相像，几乎看不到茎，不开花时叶片都是肉质浑圆的，他们的生长习性也极其相似，都是对水的需求不多。

多肉养护秘笈

喜欢温暖、干燥、光照充足的环境，夏季如果通风良好、适当遮阴可以不休眠，忌积水，任何季节都不必给水过多，因为生长比较慢，所以对肥料的需求也不多，家养铺些底肥后可以完全不用施肥。

冬型种

蛛丝卷绢

科属

景天科长生草属

形态

外形跟观音莲差不多，都是叶片长椭圆形，先端尖，密集排成莲座状，不同的是叶片尖端有丝状物，与蜘蛛网很像，故名“蛛丝卷绢”。

繁殖

分株。

多肉的小个性

蛛丝卷绢很容易群生，但要注意千万不要把水浇到叶片上，这样蛛丝会消失，浇水太多植株会徒长，影响植株的美观程度。

多肉养护秘笈

喜欢凉爽、通风好的环境，散射光最佳，也可以耐半阴，在秋末春初及冬季生长快，状态好，在温度高的夏季休眠。生长期可以每周浇水1次，休眠期不给水。生长期每月施一点稀薄的磷钾肥，休眠时不施肥。

春秋型种

球松

球松生长旺盛，放在室外露养，哪里都能成活，而且十分适合做组盆和景观。

球松的老桩加上日系瓷盆，禅意十足。

科属

景天科景天属

形态

植株矮小，肉质针叶轮生在茎枝顶端，很像一个个绿色的圆球，但从远处观看，又很像松树，故名“球松”。

繁殖

茎插。

这一盆球松有黄叶的现象，最有可能的原因就是水多了，有效通风、果断减水，植株还能恢复过来。

多肉的小个性

球松需不需要浇水从外观就能看出来，水分充足时叶片直立打开，呈球形，缺水时叶片聚拢，植株变蔫。

多肉养护秘笈

喜欢凉爽、通风好的环境，在高温的夏季会休眠，休眠时适量喷水。春秋是生长季节，适当增加给水，冬季0℃以下都可以正常生长。

春秋型种

爱染锦

多肉的小个性

爱染锦幼株并不吸引人，只有长大变成“树”，黄绿叠生，才会显得非常壮观。

我的第二盆爱染锦幼苗因为根系不发达，储水能力不足，所以我一直提醒自己要及时浇水。

科属

景天科莲花掌属

形态

叶片相对较薄，呈长匙形，叶缘有微刺，叶色绿色，上有不规则的黄色斑锦，容易木质化及群生，长成爱染锦树时会极其壮观。

繁殖

茎插。

多肉养护秘笈

喜欢光照充足、温暖的环境，夏季高温时会休眠，如果通风不好，很容易滋生病虫害，对肥、水的需求不多，冬季不低于5℃会继续生长。

· 科属

番杏科银叶花属

· 繁殖

分株。

· 形态

叶片短粗肥厚，呈半卵形，对生，叶色翠绿、圆润，没有花纹。深秋会开花，花从两个叶间伸出，花色黄色、橘红、白色等。

多肉的小个性

众多资深花友都建议，新手不要尝试金铃，因为它的度夏很麻烦，后来众多花友交流，金铃在度夏时确实很容易死掉，所以大家根据实际情况选种。

多肉养护秘笈

喜欢通风、冷凉、散射光的环境，主要生长期是在晚秋、早春和冬季，夏季休眠。金铃没有强壮的主根，它的根都比较纤细弱小，因此浇水多或浇水少都会导致致命伤，水太多根系腐烂，水少植株会枯萎，因此很多花友都说金铃不是新手的“菜”。养护金铃浇水很关键，有经验的花友介绍，生长期经常给水，每次少量，休眠期逐渐断水，等秋来温度降低，逐渐给水，意思是逐渐增加给水次数和水量。

冬型种

万象

▸科属　百合科十二卷属　▸繁殖　分株或叶插

▸形态

万象没有茎干，圆柱形肉质叶片从植株基部长出，叶片的截面呈半透明状，不同品种的万象会在截面花纹、叶片颜色等方面有所区别。多在春季开花。

多肉的小个性

像大多数十二卷属植物一样，万象不能承受阳光直晒，直晒后叶片颜色变棕褐色，失水枯萎，但也不能缺光，缺光会徒长，本身的花纹、颜色变模糊，所以应放在阳光充足的朝南玻璃窗内或是透明温室内。

多肉养护秘笈

喜欢凉爽、干燥、光照好的环境，可以耐半阴。夏季高温时休眠，要减少浇水或断水。主要生长季在春秋冬三季，在光照充足的条件下，可每周浇水2次，如果处在半阴条件下，要适量减少浇水，避免使植物徒长。

春秋型种

条纹十二卷

多肉的小个性

条纹十二卷是比较好养的多肉植物品种，所以经常推荐给新手，只要不多浇水，它就能倔强的生长，而且十二卷的植物也不拘光照不光照，即便没有光照，十二卷也能健康生长。

科属

百合科十二卷属

形态

叶片呈细长的三角形，上面镶嵌有带状白色的花纹，株型紧凑，生长不快，容易群生。

繁殖

分株。

多肉养护秘笈

喜欢温暖、散射光的环境，耐半阴，夏季高温时会休眠，冬季温度低于5℃也会进入半休眠期，生长期每周浇水1～2次，休眠期要少浇水或断水。

春秋型种

寿

▸ 科属

百合科十二卷属

▸ 繁殖

分株或叶插。

▸ 形态

叶片短粗、肥厚，截面平整，叶上有不规则的花纹，园艺品种比较多，因此花纹也不同。叶片颜色也有区别，光照充足且湿度够时，截面透亮晶莹，观赏效果极佳。

多肉的小个性

寿的园艺品种很多，价格不一，从几十块到几千块都有，命名上有的直接后缀个“寿”，如红辉寿、康平寿、白银寿等；还有不缀个“寿”字的，如特里克特。因为本人对十二卷兴趣不浓，所以对寿的了解也仅限于此，喜欢寿族的花友可以跟网友、花友们多多交流。

多肉养护秘笈

喜欢干燥、通风好的环境，散射光条件下生长最好，夏季高温时会休眠，要断水。冬季如果低于5℃可能会冻伤，此时也要少浇水或断水。

春秋型种

大和锦

▸ 科属

景天科石莲花属

▸ 形态

叶片呈三角形，先端尖，叶片上会有红褐色的斑纹，叶背面有个凸起的龙骨，缺少光照时叶片呈青绿色，叶片上花纹不明显，光照充足时斑纹明显。

▸ 繁殖

叶插、分株。

多肉的小个性

大和锦有个园艺品种叫小和锦，两者外观相近，之所以分大小，就是小和锦个头要小，而且小和锦的叶片更紧凑聚拢一些，叶片上的斑纹没有大和锦的明显。

多肉养护秘笈

喜欢光照充足、凉爽的环境，在夏季会休眠，即便在生长季节，也不要浇水过多，否则叶片徒长伸长，花纹变淡，株型会变得不好看，夏季休眠时不用浇水。

春秋型种

山地玫瑰

多肉的小个性

休眠时叶片聚拢，缩成一小团，基部的叶片会干枯，休眠期过后，叶片逐渐打开，依据品种不同会有各自的最佳状态。

▸科属

景天科莲花掌属

▸形态

山地玫瑰相较于其他多肉植物，真不算是肉质可爱型的，但清丽高雅，也博得不少人的喜爱。山地玫瑰叶片较薄，叶色灰绿，也有淡绿色的，叶片呈莲座排列，比较紧实，园艺品种很多。

▸繁殖

茎插和播种。

多肉养护秘笈

喜欢温暖、光照充足的环境，不耐高温，夏季休眠，休眠时要断水，即便干成枯草样，秋天给点水就能恢复生机，翠绿起来。本人做过更极端的实验，休眠时连根拔出，放在阴凉处，秋天时上盆给水，仍旧长得很好，因此判断山地玫瑰的生命很顽强。

春秋型种

御所锦

科属

景天科天锦章属

形态

叶片扁平，呈倒三角形，叶面比较光滑，叶缘平滑，叶片上有深绿色和棕褐色的不规则斑点，上面覆盖一层薄薄的白粉。

繁殖

叶插。

多肉的小个性

御所锦有很多同科属的兄弟姐妹，其中水泡便是知名的一类，水泡只是个统称，它们外形圆滚，如硕大的水泡，但叶片花纹有区别，有的叶片光滑，有的叶片有细小凸起。

多肉养护秘笈

喜欢光照充足、凉爽的环境，夏季高温时休眠，冬季低于5℃时要警惕冻伤。春秋生长季每周浇水2~3次，开春和入秋各施一次缓释肥。

春秋型种

紫晃星

▸科属　番杏科仙宝属　▸繁殖　茎插。

▸形态

紫晃星叶片肉质，呈纺锤形，顶端有白色刚毛，叶片表面密布绿色的小疣突，春秋夏三季开花。易丛生。

多肉的小个性

紫晃星在春末夏初会开花，花色紫红，花瓣呈长舌型，白天盛开，傍晚时分，光线减弱后花朵闭合。

多肉养护秘笈

喜欢温暖、干燥、光照好的环境，可以耐干旱、耐半阴，但不耐寒。春秋季生长较快，如果夏季放在凉爽、通风好的环境中，也可以缓慢生长，生长期每周浇水2次，春秋季各施1次缓释肥。冬季温度不可低于10℃，否则易发生冻伤。

冬型种

花叶寒月夜

中斑莲花掌和花叶寒月夜的区别，是中斑莲花掌的黄色斑块在叶片中间，寒夜花月夜的黄色斑块在叶片两边。

多肉的小个性

夏季休眠时，花叶寒月夜特别容易患上煤烟病，症状就是叶片背后长出类似黑色煤灰的东西，这是高温且通风差的表现，煤烟病加重的话就会变成黑腐病，最后导致植株枯萎。预防方法是加强通风，一旦发现赶紧用多菌灵或是百菌清喷洒。

科属

景天科莲花掌属

繁殖

茎插。

形态

叶片匙形，先端尖，叶缘有密齿，叶片呈莲座状排列，叶片中心绿，两边淡黄，光照充足的话叶边会变成粉红色。

多肉养护秘笈

喜欢光照充足、温暖通风的环境，夏季高温时休眠，冬季0℃以下仍旧能正常生长。生长季节适量多给水，休眠期减少浇水或断水，生长期每月施一点稀薄的磷钾肥。

黄花照波

春秋型种

▸ 科属

番杏科照波属

▸ 繁殖

分株

▸ 形态

叶片呈三棱柱型，叶端尖，叶片微微向内聚拢，叶色翠绿，易群生，初夏开黄色花朵，故称黄花照波。

多肉养护秘笈

黄花照波的花朵酷似路边的野菊花，但花朵却要比野菊花大一些。黄花照波花开时间不长，以北京为例，春末夏初时，下午三点多开花，傍晚6点就闭合了。

多肉的小个性

喜欢温暖、干燥、光照充足的环境，夏季高温时休眠，休眠期要节水庇荫，越冬温度不低于10℃。春秋是主要生长季，浇水本着干透浇透的原则，春始和秋初各施1次缓释肥。

春秋型种

福娘

▸ 科属

景天科银波锦属

▸ 形态

有嫩绿的地上茎，叶片对生于茎干两侧，叶片棒形，但叶端稍扁，叶片上覆盖一层薄薄的白粉，叶边红褐色。容易滋生侧芽。

▸ 繁殖

叶插或分株

多肉的小个性

喜欢光照充足、凉爽的环境，冬季10℃以上可以正常生长，但夏季要适当庇荫，放在凉爽通风处，要少浇水，以免黑腐。春秋季每周浇水2次，施缓释肥2次。

多肉养护秘笈

福娘有两个很著名的园艺品种，分别是乒乓福娘和达摩福娘，两个园艺品种的叶片更厚实圆滚，尤其是达摩福娘，群生后观赏价值很高。

秋高气爽时，多肉植物变美季

夏季的潮湿闷热着实让人感觉不舒适，多肉植物的感觉与我们的感觉大致是一样的，但现在终于熬过去了，秋风飒爽的季节来了。

一说到秋天（9～11月），除了硕果累累，是不是最先想到的就是贴秋膘，把夏天亏损的赶紧补回来。对于多肉植物，可千万别急着“贴秋膘”，肥水都要慢慢来，当心养分过足，不但“贴”不出美好的样子，还会让多肉植物徒长。

随着昼夜温差的加大，给予充足光照，多肉植物就会着色了。当然，有了美美的模样后，要想美得持久一点就不要娇惯了多肉植物，这里的意思是不要感觉天一冷就立即把他们挪到室内，冻一冻是有助于它们健康生长的。

秋

迎来又一个生长高峰期

对于大多数多肉植物来说，春秋季是生长的高峰期，春天走了，秋天来了，肉肉们，加把劲，努力生长吧！

肉锥爆盆

大胆浇水、施肥

肉肉们迎来又一个生长季，除了夏眠刚刚醒来的品种外，其他的都可以大胆浇水施肥。

1. 多肉植物种植土疏松利水，盆器透水透气好，摆放位置光照充足（每天至少4个小时光照），满足以上三个条件，就可以给肉肉们充分浇水了，这里说的充分是指每周3～4次，也就是隔天浇水一次。

2. 每月施肥一次，可选的肥料有，麻渣水（必须是浸泡、充分腐熟的）、淘米水（腐熟后的）、蛋壳碎（将用过的蛋壳洗净，充分晾晒，干后捣碎成粉末，埋在土壤里可当肥料），当然，如果你嫌麻烦，可以买售卖的肥料，如网上很火的奥绿、魔肥等，这些缓释肥的特点是施用方便，洁净环保，肥效持续时间长，适合爱干净又爱多肉植物的女孩子们。

3. 对于刚刚夏眠缓过来的多肉植物，如前一篇章中列举的那些肉肉，浇水和施肥都要循序渐进，不可过急，开始可采用喷雾的方法，逐渐增加浇水量和浇水次数。

不论春季还是秋季，光照足的话，锦晃星都能这么靓丽迷人

开花的花月夜。

播种的最好季节

春秋都是多肉植物的生长季，为什么只有秋天是播种的好季节呢?

假设春天播种，那些刚刚发芽长出来的幼小苗崽，度夏是很危险的，一个不小心、不留神，就有可能死掉，而秋天就不同了，小苗长成后，即使冬来转冷，挪到暖气充足的北方室内，幼苗也能顺利生长，等再到来年度夏，多肉幼苗已经长成皮实健壮的植株了。

从这个角度看，秋天是播种的好季节，而且，大多数资深肉迷们都是这个季节播种的。

这种石头盆配上暗红色的红背椒草，适合放在书桌上。

网购多肉植物上盆前的几点注意

现在网购的方便程度超出想象，当然，多肉植物，网上也有。你可以通过网购、网友交换等方式网购多肉植物，但一般网购的多肉植物都是裸根发售，也就是不带盆、不带土的，换成其他植物，缺土可能很快就枯萎了，但多肉植物不一样，离土放个十天半月都没问题。

网购的多肉植物送来了，上盆前，一定要做足功课。

1. 如果植株的须根过多，修剪一下，这样能有效预防根粉蚧虫害。如果购买的植株根系上残留根粉蚧虫卵，只有修去须根才能预防根粉蚧，而且只留下主根的植株更易于服盆。

2. 准备一盆清水，把植株的根清洗干净，最好的方法夹着茎基部，来回抖动冲洗，千万不要把植株放到水龙头底下冲洗，这样容易弄断根系。

3. 用1：200的多菌灵或百菌清浸泡植株半小时，然后捞出放在通风阴凉处风干，彻底干燥后准备上盆。

4. 上盆后，不要立即浇水，放个两三天，让植株的根系稍稍舒展后再浇水，第一次可以用喷雾的方式浇少量水，逐渐增加。

姬胧月的老桩，会不会很震撼呀！
没有徒长就木有老桩呀。

继续叶插，依然成功率极高。

这是一片被毛毛虫侵犯过的兔耳朵。此外，大家露养的碰碰香，毛毛虫也特别喜欢。

享受光照，晒出靓丽的颜色

深秋是多肉植物着色的最好季节，一是因为光照充足，二是昼夜温差大。

对于新手，只要了解这两点因素就足够了。

1. 增加光照。把植株放在光照充足的地方，很快很多植物就会在叶色上有大变化，如黄丽会变成淡淡的黄色，黑法师会变成紫黑色，雪莲会变成粉紫色等。

但着色的程度也与接触紫外线的强弱有关系，如果是露养，直接放到室外接受阳光直射，颜色会更加绚丽，如黑法师黑的反光，雪莲会更加紫红。

如果是放在阳光棚里，着色会比直接光照要柔和一些，色泽迷人但不至于出现暗紫、暗红那种极其艳丽的色彩。

如果是放在室内的阳台边，虽然也是直接光照，但隔着玻璃，着色程度也会有不同，放在自家阳台上的肉肉，着色要淡很多，有点小清新的感觉。

这说明是不是紫外线直射与隔着什么介质，对着色的程度都有影响，还是那句话，如果有条件，一定要露养肉肉，收到的惊喜不会只是一星半点。

2. 昼夜温差。相比较光照，这点风险稍大。因为早春搬出去，加上昼夜温差，很可能会冻伤植株。但深秋就靠谱很多，所以建议大家春天晚一点挪出室外，秋天晚一点搬进室内。我曾试过11月底或是第一场初雪降临前，才把多肉植物大军移至室内，并没有发生冻伤，相反还能增强抗冻性。

没有徒长就没有老桩

徒长，一说到这事儿，是不是很多网友心头一热。是啊，明明紧凑端庄的苗，可买回来养了一段时间，都赶上豆芽菜般纤细修长了。

尤其是度夏结束后，水多的、光照少的，都似乎变得徒长。对于以紧凑敦实、浑圆肉感著称的多肉植物，突然变得跟大菠菜似的，还真有点让人无法接受。

没事，多肉植物徒长了你可以这样做：

1. 从徒长株的中间位置剪断，去掉几片间距较长的叶片。

2. 把去掉叶片的植株重新扦插，等待其生根，掰下来的叶片进行叶插。

老桩花叶寒月夜。

以上方法就是俗称的砍头。当然了，还有徒长根本不处理的，任由其发展，你会发现，用不了多久嫩枝会枝干化，徒长的多肉植物像老桩方向发展了。所以呢，徒长这件事，要看你如何看待，每个人的欣赏角度不同，对徒长的理解也就不同，总之，紧凑有紧凑的美，徒长有徒长的魅力。

多肉植物如何美家

渴望回归自然的人们喜欢用花草绿植来美化家居，营造自然生态的氛围，近距离地与大自然沟通。但是繁忙的工作及快节奏的生活，使人们没有太多时间花在照料花草植物上，此时多肉植物完全可以成全你的懒人计划。懒人植物四季常青，具有惊人的耐旱能力和顽强的生命力，很容易养活，而且几乎不需要费心照顾。它们外形别致有趣，是摆放在家中最省心的绿色点缀。

1. 摆放位置怎么选

多肉植物生命力强，对环境要求也不苛刻，摆放场所的可选择性很大。阳台无疑是多肉植物的最爱，可为植物提供充足的阳光；摆放在书房的多肉植物，可以美化桌面，吸收辐射、增加活氧，各种颜色鲜艳的品种也可以使书房气氛不再单调；如果在客厅或居室内的休闲空间放上多肉植物，单盆多肉植物会略显单薄，选择多盆搭配，或者成群成簇的多肉植物组合，盆栽最为合适。

秋天芦荟开花了。

2. 多样盆器巧搭配

吸水性好的陶土盆是多肉植物的最佳盆器，将大小错落的单株花盆搭配起来摆放尤为好看，也可组合不同的品种于大盆中。陶瓷花盆、木质花盆、石质花盆、藤篮等是盆器中常见的种类，如果追求个性，不想跟别人的植物“撞盆”的话，可以尝试改造一下盆器，就是将日常生活中的器皿，寻找较有特色的，将其底部钻孔，变成特殊的盆器，改造后搭配效果很好，比如搪瓷杯子、马口铁浇花壶、罐头盒等。

秋天生石花蜕皮。

多肉植物容易感染的病虫害

1. 根粉蚧：它的厉害之处是全部附着在根系中，除非连根拔出才能看到是否长了此虫，而且此虫生命力顽强，就算只剩下虫卵，它还是能长成成虫继续兴风作浪，而且传播能力超强。

预防方法是加强通风，保证盆器和土壤无菌。

2. 蚧壳虫：这是与根粉蚧同类的一种多肉害虫，它生长在根茎基部和叶片背后、叶片夹缝处。用肉眼能观察到，它的外壳很硬，以吸植株汁液过活。而且它还分泌一些黏液，凡是被它污染的地方，很容易感染真菌，被其他病害纠缠。

预防方法是加强通风，环境别太阴湿，少了手捉，虫子太多只能用药。

徒长的胧月，现在长成了张牙舞爪的老桩，有点盆景的韵味。

3. 煤烟病：从外观看，就是某片叶子覆盖上一层黑菌，而且蔓延很快，随之而来的是黑腐病，整株腐烂而死。

防治方法为，用肥皂液清洗叶片，每隔三天清洗一次，如果不见效可以用一些多菌灵喷杀。

用修长的瓷瓶，配上黑法师老桩，感觉是不是相当高端大气呢。

4. 蚜虫：它们成片的附着在叶片上，以吸食植株的汁液为生，而且还分泌黏液，带来其他病菌。

防治方法为，用烟丝泡水，用充分浸泡后的液体喷到有虫害的叶片上。

5. 其他吃叶片的害虫：譬如菜青虫，它会吃掉叶片或是吃掉部分。我的一大盆（直径40厘米的盆）碰碰香就被菜青虫光顾过，它不仅把叶片吃的缺边短角，而且留下它的粪便。

预防的方法就是警惕蝴蝶来产卵，一旦长了虫子可以手工捉虫，实在太多就用药水喷杀。

只有健康的肉肉才是最美的！

冬型种

胧月

▸ 科属

景天科风车草属

▸ 形态

叶片倒卵形，叶色灰绿，整体上比姬胧月大，莲座不如姬胧月那么紧凑。

▸ 繁殖

茎插、叶插。

多肉的小个性

胧月是多肉植物中最皮实的品种之一，推荐新手们养殖。

多肉养护秘笈

习性基本与姬胧月相似，管理也一样，胧月比姬胧月抗寒能力更强，曾有花友把一大盆胧月留在冰天雪地的室外越冬，结果春来转暖，丝毫没事，生长得很好。

冬型种

姬胧月

▸ 科属

景天科风车草属

▸ 形态

叶片倒三角形，肉质，缺光时新长出的部分呈绿色，其他部分深红色，光照充足的话全部叶片深红色，莲座较小，是胧月的园艺品种。

▸ 繁殖

茎插、叶插。

多肉的小个性

姬胧月生长比较快，尤其在度夏之后，如果给肥给水适当，群生的速度相当快。

多肉养护秘笈

喜欢光照充足、通风好的环境。夏季高温时会进入休眠状态，比较耐寒，0℃以下仍旧可以存活，5℃以上可以继续生长，生长期稍多给水，每月施一次磷钾肥，如果底肥充足可免去施肥环节。

春秋型种

瑞典魔南

科属　景天科景天属　繁殖　茎插。

形态

也属于小型多肉植物，而且是相当迷你的。翠绿的肉质叶片紧密排列，叶片上有一些浅褐色的斑纹，很容易群生爆盆。

多肉的小个性

度夏很难。2013年夏天，我为了让它度夏容易一些，特意转移到院子里露养，头顶遮着阴棚，很少浇水，那里通风条件很好。但8月里连着有5天阴雨，地面返潮较厉害，雨停后发现盆土有点湿，赶紧通风晾晒，但已经迟了，一周后还是彻底死掉了。

多肉养护秘笈

春秋和初冬是生长季节，只要一入夏就会进入休眠期。也就是说，瑞典魔南喜欢干燥、凉爽、光照充足的环境，夏天要断水，放到阴凉通风处，时不时去看看。如果发现叶片太干瘪了，可在傍晚凉爽时喷雾，但一定不要浇水。冬季5℃以上都不会停止生长，但要减少浇水量和浇水次数。

夏型种

凝脂莲

多肉的小个性

凝脂莲与劳尔有些相像，但目测凝脂莲的叶片偏瘦长些，劳尔的叶片要短粗一点，叶片厚度上劳尔更厚实。

叶插的出小苗，还有双头滴。

▸ 科属

景天科石莲花属

▸ 形态

叶片长匙形，叶色翠绿，叶片的表面比较光滑，微微覆白粉，光照充足时，夜间变红，莲座向中间聚拢，缺光时，莲座稍显松散，很容易群生。

▸ 繁殖

叶插或茎插。

多肉养护秘笈

喜欢光照充足、通风好的环境，可耐半阴，夏天即便高温，只要通风好，仍旧可以继续生长。冬季室温在10℃以上，会继续生长。凝脂莲对肥水需求不多，如果底肥充足，整个一年都可以不用施肥，少给水，水多了容易徒长。

春秋型种

久迷之舞

多肉的小个性

水大、光照不足，久迷之舞会徒长得很厉害，不过这样很容易枝干化，长成树木状。

▸ 科属

景天科拟石莲花属

▸ 形态

叶片卵圆形，两侧向内弯曲，与特玉莲的弯曲方向刚好相反，叶片中间有条很明显的沟，久迷之舞叶色翠绿，但叶边粉红，很漂亮。

▸ 繁殖

茎插、叶插。

多肉养护秘笈

喜欢干燥、温暖，有充足光照的环境。度夏和越冬都不困难，冬季低于5℃植株会停止生长，夏季即便高于35℃，如果通风良好，也不会影响植株生长，只是高温时要适当节水，并保证适量光照，环境不能过阴。

▸ 科属

景天科石莲花属

▸ 形态

叶片从两侧边缘向外弯曲，叶片背部有一条明显的深沟，从上面观察，会发现叶片是向上拱起的，叶色蓝绿，上覆盖一层薄薄的白粉，叶端尖，因特玉莲的叶片形状奇特，因此很容易被认识和记得。

▸ 繁殖

分株、叶插。

多肉养护秘笈

喜欢温暖、干燥、通风好的环境，冬季5℃以上可以继续生长，夏季35℃以上会进入半休眠状态，对水分的需求不多，如果水大了，叶片会松散下垂、不聚拢，失去美感。

多肉的小个性

很容易从基部爆发生长点，群生出很多小株，是好养又容易产生成就感的品种之一。

春秋型种

白牡丹

▸ 科属

景天科风车草与拟石莲花属杂交

▸ 形态

叶片卵圆形，先端尖，叶片肉质肥厚，叶子背面有个类似龙骨似的突起，叶色为白色，光照充足时，叶尖和叶边会变成粉红色，生长很快，秋季很容易长爆盆。

▸ 繁殖

叶插、茎插。

春天开花，会影响植株生长。

叶插的成活率几乎百分之百，而且长得相当快。

多肉的小个性

白牡丹叶插的成功率几乎是百分百，而且幼苗生长速度极快，养起来很有成就感，特别推荐给新手。

喜欢温暖、干燥、光照充足的环境。春秋生长季，多给水，但同时要保证光照充足，因为徒长后非常影响外貌，底肥充足后不用再施肥。冬季低于5℃会进入休眠期，期间少浇水或断水。

玉缀

冬型种

▸ 科属

景天科景天属

▸ 繁殖

叶插、茎插。

▸ 形态

叶片很像超大版的米粒，叶端尖，叶色黄绿，很容易匍匐悬垂在盆边。

多肉的小个性

新玉缀的叶片从扦插到出根需要7～10天不等，玉缀则需要至少15天。

多肉养护秘笈

习性与管理方式与新玉缀差不多。本人把两种植物放在同一个盆中饲养，浇水、施肥都同时进行，但玉缀的成长速度比新玉缀要慢，这不仅是成株之间的对比，还包括叶插成活的小苗。

春秋型种

银星

‣科属 景天科风车草属 ‣繁殖 分株、叶插。

‣形态

叶片长卵形，叶端有个长尖，叶色青绿，叶片排列紧凑，光照充足时，叶端的长尖变红，叶片上端变成红褐色。常在春天开花，但开花后莲座死亡，因此要及时剪掉花葶。

多肉的小个性

银星不能多给水，否则叶片徒长，整体株型就不美观了。

多肉养护秘笈

喜欢干燥、温暖、通风的环境，越冬不能低于10℃，夏季高于35℃会休眠。即便不休眠，也要少浇水，否则很容易烂根。

春秋型种

锦晃星

缺光情况下的锦晃星。

多肉的小个性

锦晃星可以顺利过冬，但如果温度低时又浇水，则冻伤的几率很大，冻伤后叶片掉落很快，花蕾也会掉落枯萎。

光照足，显现红边的锦晃星。

科属

景天科石莲花属

形态

叶片长匙形，叶端尖，叶片上覆盖一层白绒毛，光照充足时，叶尖和叶边会变红，一般秋冬季开花，花色黄中带红，非常漂亮。

繁殖

叶插、茎插，但叶插的成功率不高。

多肉养护秘笈

喜欢光照，但夏季光照强烈时要适当遮阴，对肥水的需求不多。夏季温度过高会休眠，休眠期要适当断水，否则容易烂根。冬季温度在5℃时还能继续生长。

新玉缀

冬型种

初恋有点像紫珍珠，却比紫珍珠叶片更厚实。

科属

景天科景天属

形态

叶片肥厚浑圆，叶色深绿到翠绿，叶端较圆，植株不断长高后容易垂挂在盆边，可像吊兰一样装饰居室，模样清丽可爱。

繁殖

叶插、茎插。

多肉养护秘笈

喜欢通风、光照好的环境，但不能阳光直射，会晒伤叶片。冬季5℃以上会继续生长，夏季高温时会休眠，需断水，其他时期根据实际情况浇水，通风好的环境多浇点，但多浇水的同时一定要给足光照，否则叶间距拉长，植株徒长。

多肉的小个性

与玉缀的模样相似，但玉缀的叶子更瘦长，叶端尖，玉缀的生长速度比新玉缀要慢很多。

春秋型种

厚叶旭鹤

▸科属 景天科石莲花属 ▸繁殖 叶插、茎插。

▸形态

叶片厚实，倒三角形，弱光下叶色呈蓝绿色，光照充足时，会染上斑驳的紫红色，从外观看，与初恋很像，但比初恋的叶片要厚实，植株看起来更加硬朗。

多肉的小个性

属生命力极强的多肉植物之一（好像大多数多肉植物的生命力都蛮顽强的）．夏季高温时如果通风不好，很容易长蚧壳虫、蚜虫之类的，如果有露养的条件，夏季最好放在室外的阴凉处．

多肉养护秘笈

喜欢干燥、通风、光照好的环境，可耐寒，冬季5℃以上不会休眠，夏季高温时有短暂的休眠期。春秋季每周浇水一次，底肥足的话不必另外施肥。

春秋型种

蓝色天使

- 科属　景天科拟石莲花属
- 繁殖　茎插、叶插。
- 形态

相比较那些叶片厚实的多肉植物，蓝色天使算是身形比较修长的，蓝色天使叶片长椭圆形，先端尖，叶边光滑，叶片淡绿色，光照充足时，叶尖会有些泛红，很容易在茎基部长出新的生长点。

多肉养护秘笈

喜欢温暖、干燥、光照充足的环境。冬季低于5℃会进入休眠期，夏季高温时如果通风良好，水多也不会涝死，但会徒长厉害。春秋季可每周浇水一次，每月施一些稀薄磷钾肥。

春秋型种

玉吊钟

科属

景天科伽蓝菜属

形态

叶片卵圆形，叶片边缘有缺口，叶色蓝绿色，有不规则的淡黄色斑纹，叶片上覆盖着一层薄粉，光照充足时叶边会变红，秋季开花，花型如吊钟，故名“玉吊钟”。

繁殖

茎插、分株。

喜欢温暖、干燥、光照充足的环境。夏季可耐高温，高温时仍旧生长，冬季低于10℃会休眠，低于5℃会发生冻伤，生长期每周浇水一次，冬季休眠时断水。

春秋型种

蒂亚

多肉的小个性

蒂亚实际上是景天属与拟石莲花属杂交出来的园艺品种，有人将其归属到景天属，有人则将其归属到拟石莲花属。在植物学研究中，确切的方法是将两属的拉丁学名拼凑起来，以蒂亚为例，景天科（Sedum）与拟石莲花属（Echeveria）变成Sedeveia，而本书在归纳科属时，多采用的是市面上常用的归属方法。蒂亚也叫绿焰。

科属

景天科景天属

形态

叶片倒卵形，先端尖，边缘有刺，叶背面有凸起的龙骨，叶片绿色，在温差大、光照足的季节，叶边会变成靓丽的暗红色，秋季开花。

繁殖

茎插、分株。

多肉养护秘笈

喜欢干燥、温暖、光照充足的环境，耐寒、耐旱，不耐高温高湿。生长期要及时浇水，并保证充足光照，盛夏高温时减少浇水并遮阴，冬季不低于5℃会正常生长，生长比较快，是皮实好养的品种之一。

春秋型种

蓝黛莲

▸ 科属

景天科厚叶草属

▸ 形态

叶片圆柱形，先端尖，叶片背面有棱线，叶片蓝绿色到灰绿色之间，叶片上覆盖着一层薄粉，光照充足时叶尖变红，光照不足时叶片整体颜色泛绿。

▸ 繁殖

茎插、分株。

多肉的小个性

千代田之松和蓝黛莲外形相似，但千代田之松叶片是圆柱形的；蓝黛莲的叶片比较扁，是上面还有明显的叶棱。

多肉养护秘笈

喜欢光照充足、凉爽通风的环境。生长季节适量多浇点水，度夏时少浇点水，保持植株不干死就成，冬季5℃以上可以继续生长。

夏型种

静夜

▸科属　景天科石莲花属　▸繁殖　叶插、茎插。

▸形态

小型多肉植物，叶片倒卵形，先端尖，叶片平整光滑，聚拢紧凑，很容易群生。光照充足时叶尖粉红。

多肉的小个性

静夜对光照的需求极多，即便在冬季，也要放在光照充足的南阳台。如果夜间阳台温度低，可移到室内，光照不足时静夜徒长的厉害，会完全失去“白富美”的模样。

多肉养护秘笈

耐寒、耐旱，但对光照需求较多，高温的夏季会休眠，要减少浇水量，并放到通风凉爽处，水多很容易烂根而死。生长期每周浇水一次，但以盆底不漏水为准。冬季不低于10℃会继续生长，因为生长缓慢，也不容易长很大，因此对肥的需求甚少，底肥充足可整年不必施肥。

芦荟

多肉的小个性

常见品种有木立芦荟、中华芦荟、库拉索芦荟、不夜城芦荟、斑纹芦荟等。

科属

百合科芦荟属

繁殖

茎插、分株。

形态

叶片较长，簇生于根基部，叶片肉质，外皮坚硬，多数品种叶边都有锯齿，叶色翠绿到灰绿，叶片上有花纹，品种很多。

多肉养护秘笈

喜欢温暖、干燥、光照充足的环境。夏季可耐高温，高温时仍旧生长，冬季低于10℃会休眠，低于5℃会发生冻伤，生长期每周浇水一次，冬季休眠时断水。

冬型种 小玉

- 科属　景天科拟石莲花属
- 繁殖　茎插。
- 形态

多肉植物中的小型品种，莲座不会长大，小玉的肉质茎细长，容易木质化，但不是向高处生长，而是匍匐在地面上生长，叶片倒卵形，叶色翠绿，光照充足时变成暗红色，叶面比较光滑，叶片排列紧凑，非常适合组盆的品种。

多肉的小个性

像小玉这种小型的多肉植物品种，扦插一大盆欣赏，或是与其他品种组合，观赏性会更强，但组盆时一定要注意选生长习性相似的，这样在养护上更容易。

多肉养护秘笈

典型的冬型种，冬天零下5℃仍能存活，但此时不能浇水；如果在室内，温度在10℃以上，可以正常生长。夏季温度高于30℃时就会休眠，休眠期和零下5℃的环境中都要断水。春秋是主要生长季节，此时要保持盆土湿润，通风好、光照足，植株会长势迅速，叶片饱满。

无明显休眠期

爱之蔓

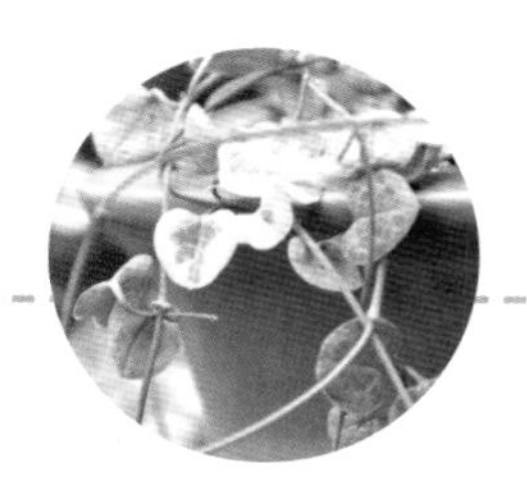

爱之蔓锦，爱之蔓的斑锦品种，叶片色泽更多、更靓丽。

▸ 科属

萝藦科吊灯花属

▸ 形态

茎四角棱状，棱边有突起的小刺和绒毛，茎深绿色，花呈五角星状，淡黄底色，紫色横纹，形状很像海星。

▸ 繁殖

茎插。

多肉的小个性

爱之蔓的叶片心形，所以有人将其视为爱的象征，故名爱之蔓，爱之蔓还有一种斑锦品种，叶片的色彩更靓丽，更多人喜欢。

多肉养护秘笈

喜欢温暖、干燥的环境，可耐半阴，夏季如果通风好，高温也不会休眠，冬季5℃以上都能正常生长。浇水与光照是成正比的，如果浇水多、光照不足会徒长，对叶间的距离将拉长。

典型的垂挂植物，个人觉得与紫玄月、珍珠吊兰等一起拼盆养着更好。

春秋型种

蓝石莲

多肉的小个性

很多多肉植物的名字是由发现者或培育者的姓氏命名的，如皮氏石莲、德氏石莲、鲁氏石莲、节氏石莲等。

▸ 科属

景天科拟石莲花属

▸ 形态

叶片匙形，叶端有尖，叶边两侧像中间聚拢，叶色灰蓝色，上面覆盖着一层薄粉，光照充足且温差大时，叶边会变成粉红色。

▸ 繁殖

茎插、叶插。

多肉养护秘笈

喜欢干燥、温暖的环境，对光照的需求很多，光照不足时植株的叶片松散、叶片变长变薄，影响美感。生长期适当多浇水，夏季35℃以上会慢慢进入休眠期，此时要慢慢断水，冬季0℃以上都能正常生长。

春秋型种

鲁氏石莲

多肉的小个性

鲁氏石莲属于小型品种，可以三四年换盆一次，蓝石莲属于大型品种，一二年就需要换盆一次。

科属

景天科拟石莲花属

形态

叶片匙形，叶端有尖，但叶片比蓝石莲要平整厚实，养护得当的话株型会非常紧凑，叶片间聚拢密集，幼株的叶片上会有一层薄薄的白粉，老株上则没有。

繁殖

茎插、叶插。

多肉养护秘笈

与皮氏石莲的习性与管理方法几乎一致，但鲁氏石莲的生长速度不如皮氏石莲快，因此在浇水或施肥上都应少些。

春秋型种

东云

多肉的小个性

东云系的品种很多，如魅惑之宵、红乌木、圣诞东云、天狼星、新圣骑兵等，都是东云系的品种。

东云的品种很多，这种外形看起来有些硬朗的多肉植物，是近两年从日韩引进的品种。

科属

景天科石莲花属

形态

叶片长三角形，先端尖，全株绿色，光照充足、温差变大时叶尖及叶边变红。

繁殖

叶插、茎插。

多肉养护秘笈

春秋为生长季，夏季温度超过35℃会休眠，要少浇水或减少浇水次数。如果是露地养，通风情况良好，可以不必断水，春秋季一周左右浇水一次，冬季5℃以上不会休眠，但冬季的日照时间较短，要少浇水，否则即便温度够，也会徒长厉害。东云系徒长后会显得整体植株松散，叶片瘦长，很影响美观，完全看不出原来高贵的容貌。

科属

菊科千里光属

形态

紫蛮刀的茎、叶都是绿色的，但光照充足、温差大时茎会变成紫红色、叶边也会变成紫红色，叶片呈倒卵形，叶面光滑，有薄薄的白粉。

繁殖

茎插、叶插。

紫蛮刀的叶片很像金鱼的尾巴，因此它的别称也叫“鱼尾冠”。紫蛮刀茎叶挺拔，比较适合跟其他多肉植物一起组盆，效果会更好。

喜欢温暖、光照充足的环境。夏季35℃以上就要减少浇水了，冬季低于5℃也要控制浇水，春秋季节生长非常快，可适量多给水，每月施一次低氮高磷钾的稀薄液肥。

春秋型种

桃之卵

▸ 科属

景天科风车草属

▸ 形态

叶片浑圆肉质，颜色粉嫩，叶片上覆盖着一层厚厚的白粉，春季开花，花六角形，颜色绮丽。

▸ 繁殖

茎插、叶插。

多肉的小个性

从外观上看，桃子卵与星美人、青美人等模样差不多，应是厚叶草属的，但桃之卵却是风车草属，因此在生长习性上与星美人、青美人等还是有一定区别的。桃之卵不怕干旱，如果发现叶片不再浑圆饱满，可能的原因是缺水或烂根，在新手中，烂根的几率要大一些，切勿给水太多。

多肉养护秘笈

春秋季为生长季，如果在室内养，可每周浇一次水，但不要浇透，以盆底不漏水为准。如果在室外露养，通风好，每周可多浇水一次，夏季高温时休眠，半月浇水一次，水量要少，冬季室温在10℃以上，能够正常生长，但浇水量要减少。

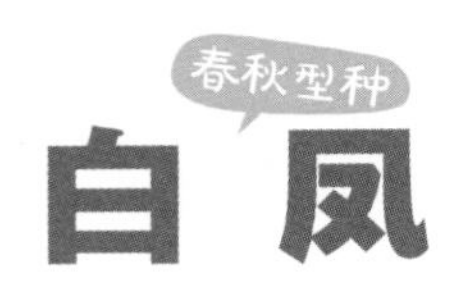

白凤

多肉的小个性

白凤是多肉植物里本人最喜欢的一个品种。它叶片厚实，状态强悍，叶色却粉嫩可人，有点像内心强大、外表柔弱的妹子，春季开花时更加绚丽。

科属

景天科石莲花属

形态

叶片卵形，叶缘光滑圆润，顶端有个小尖，叶色淡绿，光照充足时叶边变红，很容易长大，春季开花。

繁殖

叶插、茎插。

多肉养护秘笈

喜欢干燥、光照好、相对温暖的环境，冬季室温10℃以上会继续生长，夏季35℃以上就进入休眠期了，休眠期要减水或断水。即便在生长期内，白凤对水分的需求也不多，小植株每周浇水一次，稍大的植株半月浇水一次。白凤生长快，很容易长成老桩。

春秋型种

女雏

多肉的小个性

女雏是一种较小型的石莲花，对日照的需求比其他的石莲花要少一些，但生长速度却比其他石莲花快。娇小的体型加上叶尖粉嫩的颜色很适合做小型盆栽组合。

科属

景天科拟石莲花属

形态

女雏的叶片纤细饱满，呈长匙形，叶色淡绿，光照充足且温差大时，叶尖变成鲜丽的粉红色，很容易群生。

繁殖

茎插、叶插、分株。

多肉养护秘笈

喜欢干燥、通风的环境，可耐半阴。女雏比较耐旱，生长季节可以每周浇水一次，夏季高温时会进入休眠期，要控制浇水，并适当遮阴。冬季5℃以上可以正常生长，冬季的浇水时间应在正午时分。春季翻盆的话可用骨粉做底肥，底肥充足整个生长季可不用再施肥。

室外天寒地冻，
室内多肉植物继续生长

天寒地冻的冬天到来了（12月至翌年2月），想着肉肉们大多来自干旱温暖的热带地区，要度过寒冷彻骨的冬季可是一件困难事儿呀。其实并非如此，肉肉们过冬比度夏容易多了。

只要减少浇水，挪到室内就完全没大问题。尤其是北方地区，冬季供暖季度室内非常温暖，一般都会在20℃左右，大多数多肉植物在这样的温度下还可以正常生长的。也许你担心那些长在室外的，尤其是春秋季露养的大盆多肉植物，由于体积庞大，室内没有容身之地，经过冬季，会不会死掉呢。其实多肉植物的抗寒抗冻能力比你想象的强大很多，有些品种即便在雪堆里盖着，第二年开春还是会焕发生机。

冬
ter

警惕多肉植物被冻伤

如果温度极低，大多数多肉植物会进入半休眠期或休眠期，调整自身对水分的需求来度过寒冬，但这有个前提条件，就是谨慎浇水，或直接断水。严寒加上浇水，才是多肉植物的致命伤，所以冬季篇的第一个问题就要讲浇水。

谨慎浇水以防冻伤

之所以说谨慎浇水，因为由浇水导致的冻伤跟水涝导致的烂根还不一样，烂根发现早的话，及时切除腐烂的部分，还能扦插生根，慢慢缓苗。冻伤就比较麻烦，严重的话露在外面的叶片全部掉落，并成果冻状，茎干一定程度上也会受到影响。

我有一棵老桩的锦晃星，已经生出花蕾，放在南阳台的窗边，因为室内有暖气，所以正常浇水，但突然有一天，发现叶片从叶尖开始变黄变腐，然后迅速落叶。想了一下，应该是被冻伤了，因为阳台每天都要开窗通风，外面温度不高，加上水多，植株被冻伤了。结局是叶片全部掉光，为了不让茎干感染，也都剪去一些，好好的一棵老桩，真正变树桩了。

多肉植物并不一定只放多肉，也可以放其他植物，只要能增加美感的都可以试试。但要注意，与多肉组合在一起的其他类植物一定不能对水分需求过多，如爱水的铜钱草。

这些葡萄幼苗都是秋天扦插，刚刚越冬的。

因此，在北方过冬虽然容易，但冻伤仍要严防。

1. 北方暖气充足的室内，摆放位置是南阳台或光照充足的地方，可以正常浇水，浇水时间要选在最温暖的中午时分。

2. 同样是北方温暖的暖气房中，如果摆放位置通风一般、光照不佳，要适当减水，水多易徒长。

3. 南方的冬季虽然不如北方天寒地冻，但比较湿冷，要减少浇水量和浇水次数——日照好的话可适当增加水量，如果光照条件再不好那就比较悲剧了。

当然，现在有那种外面罩着一层薄塑料的植物温室，可以在家里给多肉植物制造个大棚，增加温湿度，很适合冬季使用。

有造型的盆器做组合是最好的。

给多肉植物制造阳光温室

也许很多花友都有这样的感叹，为什么在大棚里的肉肉那么透亮迷人，带回家养一段时间后状态就不如以前好呢。

答案很简单，即便自家温度跟大棚里一样，但湿度达不到，因此多肉植物就不水灵。要想多肉植物萌态十足，状态极好，必须要人为地增加温湿度。

夏天不必增加湿度，增加还会烂根，得煤烟病呢！但冬天，湿度就很重要，尤其在干燥的北方。给多肉植物制造一个阳光温室，它生长舒服了，自然会给你展现最佳状态。

简单有效的闷养条件。

1. 如上文说的，买成套的植物温室，不同尺寸价格是有差别的。温室内的架子如果是那种空心管的，就不如木制、不锈钢和铁艺花架那么结实，但靠墙摆放，支撑点多了也没什么大问题，这种温室适合肉军团规模较小的，有个几百盆的话，肯定放不下。

2. 覆塑料膜。保鲜膜或是比较薄的塑料膜都可以，但前提是要先做好支撑架，然后再套上塑料膜，这种效果也很好。在膜上扎几个洞，既解决了保温问题，又解决了通风问题。

3. 透明塑料杯。这个特别适合懒人，选择比花盆直径稍微大点的塑料杯，如豆浆杯、果汁杯等，洗干净后直接套在花盆上，每天固定时间拿下来通风一会儿，实在是太便利了。

木盒也是组盆常用的盆器，缺点是水多了容易腐烂，因此用木盒组盆的话，就要保证盆中的植物对水分的需求都不多。

得心应手的养殖小物件

各种各样的园艺修剪工具。

1. 橡胶手套：做栽种这件事，肯定要与土、药、肥料打交道，怕把纤纤玉手弄脏了，准备一双橡胶手套，既舒服又灵活，还好冲洗。

2. 剪刀：它所扮演的角色很重要，修剪多余枝条，砍头，剪掉烂叶、干叶等，那种手术用的剪刀最好。

3. 镊子：夹着植株上盆、夹虫子、揪下烂叶等，镊子的作用也蛮大的。

4. 花铲：上盆时铲土、培土。

上盆用的小铲子。

5. 肥料：包括底肥和平时施用的肥料，底肥选骨粉，方便卫生又无异味，效果还不错，尤其在楼房里养多肉植物用骨粉做底肥更适合。平时施用的肥料，可以去花市买磷钾肥，如果图方便干净，网售的多肉植物缓释肥最好，每盆放十几粒、几十粒的，肥效大半年，这也是方便自己，“造福”多肉植物的好方法。

6. 药品：家里用就必须是环保无毒副作用的，杀菌的有多菌灵、百菌清，杀虫的有护花神。原来我还用过一种进口的小绿药，对付蚧壳虫有奇效，但后来听说它的毒副作用极大，不小心弄到舌头上，舌头麻木了好几个小时，太可怕了。要马上扔掉，尤其是家里有宝宝的，那些不环保、毒副作用大的药品绝不可以选用。

7. 育苗盒：播种比较需要，最主要的原因是要有盖儿，这样可以保证一定的温湿度，促进发芽。如果用来扦插，那就要经常打开上盖通风，否则很容易因湿度大而使幼苗患病。

8. 插牌：这个东西很有必要，当叶插时，有些不知名的品种需要标记名字，插牌大多数是PVC材质的，可以用签字笔或是圆珠笔涂写。

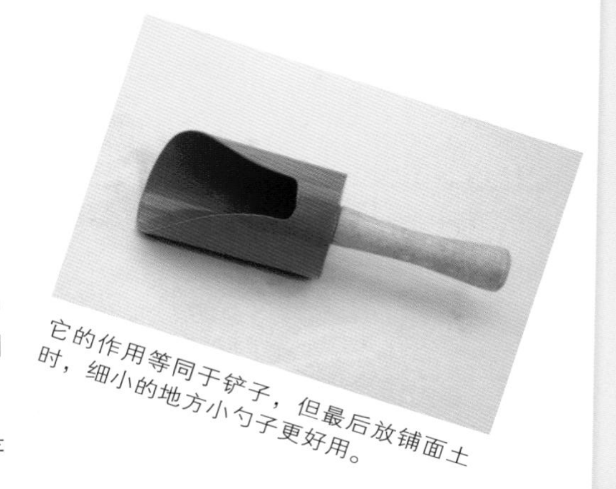
它的作用等同于铲子，但最后放铺面土时，细小的地方小勺子更好用。

9. 喷壶：至少配两个喷壶，一种是

普通的那种喷雾壶，还有一种是那种多肉植物专用的，弯头尖嘴瓶。这种瓶子瓶身柔软，可以通过按压瓶身使水流出，它的优点是不会伤害叶片，喷水区域较小。

对付多肉植物病虫害，还有很多变废为宝的东西可用，譬如鸡蛋皮、烟丝、肥皂水等。效果虽然不如药物明显，但环保无毒是很让人心动的。

细心呵护多肉植物小幼苗

不论是扦插、分株还是播种，长出幼苗后，基本上都不会有休眠的现象。也就是说，度夏和过冬这两件事，都不会发生在幼苗身上。

但有以下几点需要注意：

1. 幼苗一年内都不需要任何肥料。

2. 幼苗的浇水与成株不同，幼苗根系少，茎叶储水能力有限，因此要经常浇水，绝不能像成株那样十天半月才浇水一次，幼苗每天或是隔两三天就要浇水一次，浇水的多少以盆底不漏水为宜。

混种几种植物+小方盆=简单的组盆。适合没有经验的新手。

雷神+子宝+紫砂阔口盆=粗犷的多肉组合。适合放在中式风格十足的居室内。

3. 减少阳光直射，幼苗不像成株，需要很长的光照时间，幼苗更喜欢通风、散射光，或是半阴的环境。

冬季尽量不要网购多肉植物

至于为什么不网购，不说自明，因为即便您想网购多肉植物，大多数卖家在这个时节也停止发货了。

一般南方发南方还在进行着，但南方的多肉植物卖家已经停发北方城市了，主要怕路上出现冻伤。

在这个季节上盆，温湿度合适还好，而在某些温度低的地区，却不好生根。如果您是新手，也不建议在这个季节买多肉植物。

多肉植物混栽有讲究

混栽，也叫组盆，近些年非常火爆，很多其他植物的组盆美得让人心动，而且还有效节省了种植空间。多肉植物的组盆也是十分有魅力的，但多肉植物组盆，需要谨记以下几点，才能保证在同一个锅里吃饭的肉肉们，健康生长。

既然是组合，铺面土就很有必要，因为铺面土能增强组合的特色。

1. 了解您要组盆品种的习性。譬如有的夏天一定休眠，有的夏天正在生长期，习性不同那肯定不能生拉硬扯放在一起。

2. 根据审美观。多肉植物也有高有低，颜色有红有绿，搭配时也要考虑到审美的因素，高低错落、颜色多样才看着新鲜好玩。

3. 植株间别太拥挤，这点很重要。看过那种重重叠叠挤在一起的多肉植物组盆，美观是美观了，但完全忽略了人家的生长空间。如此拥挤的环境下，既不利于通风，又不利于生长，所以，组盆要根据盆器的大小，所选品种一定不能过多。

4. 选择习性相同的放在一起最好，但如果为了审美考虑组合一起，却发现有的品种喜欢多一点水，而有的植物喜欢少一点水，怎么办呢？不碍事的，分开来点水就可以了。这里说的是“点”，不是“浇”。

1. 给柳叶莲华修根。

2. 修根后的柳叶莲华。

3. 给青美人修根。

4. 修根后的青美人。

5. 修根前的玫瑰莲，有皱叶。

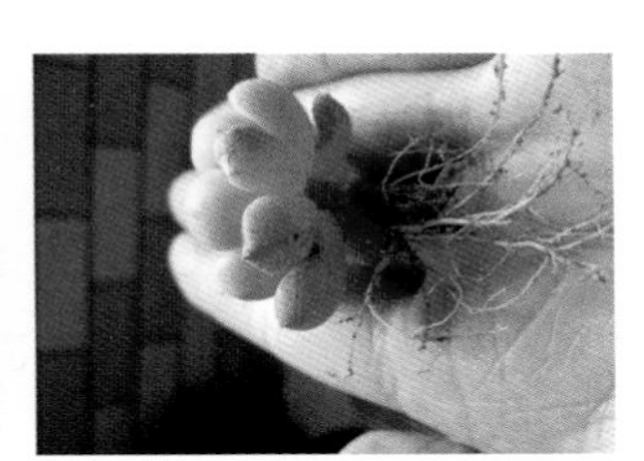
6. 修根后的玫瑰莲。

7.修根前的小玉。

8.修根后的小玉。

9.所有品种集合，都是修根后的，都是小植株，家庭组栽是希望他们在一起，相亲相爱生长一段时间的，因此小植株比较适合。

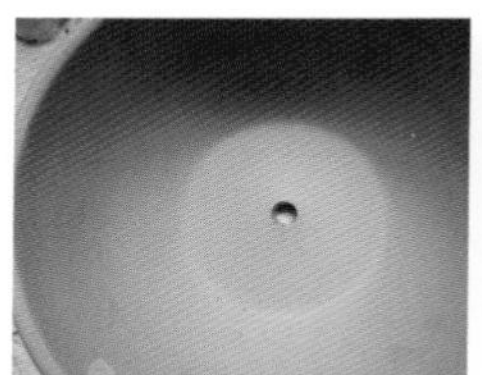

10.最喜欢红陶大腕盆，直径20厘米，足够大的，看好，有底孔的。

11.盆底石的作用是避免土壤从底孔流走，我觉得还能节省点栽种靓土。

12.铺土。

13.铺土的原则是不要太满，距离盆边有个2～3厘米的距离。

14.把刚才修好的植株种上，如果想让他们多生长一段时间，那就注意留空，别太挤。

15.铺上赤玉土就完事了，我种的比较稀疏，因为懒，不想再换盆。

冬型种

日本小松

▸ 科属

景天科莲花掌属

▸ 形态

茎干都是绿色，但老株的茎干易枝干化，叶片长匙形，叶端圆润，缺光时，叶片淡绿色，光照充足时，叶片边缘和叶中间有褐色的条纹，叶片上有层细小的绒毛，很容易让灰尘杂质附着上，长得比较快。

▸ 繁殖

茎插。

多肉的小个性

日本小松是生长较快的品种，很容易分枝长成大树冠状，要让其保持优美的姿态必须及时进行修剪，剪掉那些影响美观的枝杈。

多肉养护秘笈

喜欢凉爽、干燥、光照足的环境。在生长季节，可适量多浇水，夏季高温时会休眠，要少量给水或断水，休眠时叶片包拢在一起，生长期叶片舒展，每个小莲座都精神饱满。

无明显休眠期

黄丽

科属

景天科景天属

形态

叶片匙形，厚实肉质，背面有个突起的龙骨，叶色淡绿，叶片蜡质，富光泽。光照充足时，叶尖和叶边会变成淡粉红色。

繁殖

叶插、茎插。

多肉的小个性

黄丽与铭月有些相似，但铭月的叶片没有黄丽那样厚实，背后也没有龙骨；铭月的叶片更瘦长一些，变色后，比黄丽更黄、色泽更靓丽。

多肉养护秘笈

喜欢温暖、干燥、光照充足的环境，冬季不低于0℃，夏季不高于35℃都能正常生长。夏季即便高出这个温度，只要通风好也可正常生长，对肥水需求不多，任何季节都不用过多给水，否则叶间距离拉长，徒长后会影响美观。

夏型种

千兔耳

▸科属　景天科伽蓝菜属 ▸繁殖　茎插、叶插。

▸形态

叶片卵形，叶边有明显的凸点，叶片上覆盖着一层白色的绒毛，叶片中间的中线明显，叶色翠绿，茎很容易枝干化。

多肉的小个性

千兔耳生长期要保证足够的光照，否则叶片向下塌，不紧凑，影响整体美感。

多肉养护秘笈

喜欢温暖、光照充足的环境。相比较其他多肉植物，千兔耳需要稍多一些水分，春、夏、秋三季可每周浇水2～3次，冬季低于10℃会进入休眠期，这时要逐渐断水。

春秋型种

月兔耳

多肉的小个性

月兔耳有很多园艺品种，如灰兔耳、黑兔耳、福兔耳等，叶插容易出苗，但生长很慢。

科属

景天科伽蓝菜属

形态

叶片长椭圆形，非常像兔耳朵，叶片和茎干上覆盖着一层白色的绒毛，叶边会有褐色的小凸起。

繁殖

叶插、茎插。

多肉养护秘笈

给月兔耳浇水比较讲究，水多或水少都会导致掉叶。生长季每周浇水1～2次，水量以盆底不渗水为宜，夏季要少水，冬季可以正常生长，但水量也要少，否则徒长厉害，叶片瘦长，不肥厚。

夏型种

三色花月锦

▸科属

景天科青锁龙属

▸形态

叶片倒卵形，肉质厚实，边缘和叶面光滑，叶片上通常会出现绿色、淡黄色、红色三种颜色，生长很快。

▸繁殖

茎插。

多肉养护秘笈

喜欢光照充足的环境，也耐半阴，夏季高温时要加强通风，否则很容易长根粉蚧的，冬季低于10℃会进入半休眠期，需减少浇水，高于这个温度会正常生长。

多肉的小个性

三色花月锦也有近似品种，分别是落日之雁和新花月锦，但后两者叶片稍向内弯，且对生很规则。

春秋型种

筒叶花月

▸ 科属

景天科青锁龙属

▸ 形态

叶片很奇特，圆筒状但有个截面，从上面看像马蹄，平视则像史莱克（电影《怪物史莱克》里的男主角）的耳朵，光照充足时叶片截面会变红，生长快，很容易木质化。

▸ 繁殖

茎插。

多肉的小个性

筒叶花月有个近似种，叫宇宙木，也叫圆叶花月，叶形较圆，而且对生，比筒叶花月的叶片更加有规则。

多肉养护秘笈

幼株对水分比较敏感，水多了会徒长，叶片松散不聚拢，但老株不能水少，少了叶片会变皱巴。夏季高温时要减少浇水，适当遮阴，其他季节对光照毫无忌讳。

▸ 科属　景天科长生草属

▸ 繁殖　分株。

▸ 形态

叶片匙形，先端尖，叶缘有细密的锯齿，叶色深绿到翠绿，光照充足的话，叶尖会变红，株型会更加紧凑聚拢，如果光照不足，株型会显得松散。

多肉养护秘笈

喜欢光照充足、温暖的环境，生长期多浇水。如果通风好，每周浇水2～3次轻松没问题，夏季可能半休眠，冬季低于0℃也会休眠，生长算是比较迅速的，很容易长侧芽。

多肉的小个性

观音莲的普及程度绝对是多肉植物中首屈一指的，小苗一两块钱，大盆十多块钱适合新人，如果你是超级新手，想玩多肉植物，那就从观音莲开始吧。

春秋型种

明镜

▸科属　景天科莲花掌属　▸繁殖　分株。

▸形态

明镜不同于其他多肉植物，它的叶片比较薄，一点不厚实，叶片上有一层绒毛，叶片呈平板型排列，不会向上聚拢生长，只能不断增大直径。

多肉的小个性

明镜的确很像一面平展的镜子，“菩提本无树，明镜亦非台”。适合摆放在桌案边，或是茶室中，颇具典雅。

多肉养护秘笈

喜欢凉爽、干燥的环境，光照充足时叶片会变得微黄，否则终年都是草绿色。进入夏季就会休眠，要逐渐减水直至断水，其他季节也要少浇水，它对水分的需求量不多。

春秋型种

双飞蝴蝶

▸ 科属

景天科伽蓝菜属

▸ 形态

叶片卵形，对生，叶缘有缺刻，叶色翠绿，叶面光滑，植株长大后，会从叶腋处伸出很多匍匐枝，每个枝头都会生长着一个像蝴蝶一样的小植株，所以双飞蝴蝶也叫“趣蝶莲”。

▸ 繁殖

分株。

多肉养护秘笈

喜欢干旱、光照充足的环境，耐干旱和半阴，但冬季低于5℃会进入休眠期。生长期每周浇水2～3次，每月施一次稀薄的腐熟液肥。

春秋型种

玉树

▸科属　景天科青锁龙属　▸繁殖　茎插。

▸形态

叶片卵圆形，叶缘光滑，叶片对生，叶色深绿，生长很快，容易木质化，温度适宜时，冬季开花。

多肉养护秘笈

喜欢温暖、干燥、光照好的环境，可以耐干旱，夏季高温时要减少浇水，冬季5℃以上可正常生长，低于0℃有可能发生冻伤，生长期每周浇水2～3次，如果植株大，生长期需要每半月施一次稀薄的腐熟饼肥水。

多肉的小个性

玉树会开花，而且花朵似星，当满树都是小花朵时，很有花团锦簇的感觉，要想让玉树在冬春季开花，必须全日照，少浇水，且适当施肥。

春秋型种

沙漠玫瑰

科属

夹竹桃科天宝花属

形态

沙漠玫瑰的叶片与夹竹桃的叶片相似，它的花形像小喇叭，花色很多，有粉红色、玫红色、正红色、红白相间的颜色。

繁殖

茎插、压条。

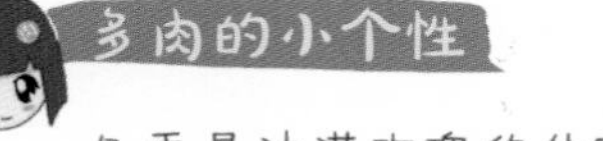

多肉的小个性

冬季是沙漠玫瑰的休眠期，温度低时千万不要浇水，水分多的话会导致落叶，严重的话叶片全落。

多肉养护秘笈

喜欢温暖、干燥的环境。生长期可充分浇水，耐暑热，夏季可正常生长；不耐寒，冬季要减少浇水，生长期每月施一次稀薄的腐熟液肥。

春秋型种

火祭

▸ 科属

景天科青锁龙属

▸ 形态

叶片长匙形，对生，叶色淡绿，光照充足时，叶片和茎干全部变红，生长很快，易丛生。

▸ 繁殖

茎插。

多肉的小个性

火祭的斑锦品种叫火祭锦，叶片的色泽比火祭更美。

多肉养护秘笈

春秋为主要生长期，此时要保证充足光照，浇水稍微多一些。夏季要适当遮阴，并减水，否则高温高湿条件下容易烂根，冬季5℃以上能正常生长。

春秋型种 露娜莲

▸ 科属

景天科石莲花属

▸ 形态

叶片倒卵形，先端尖，叶片边缘光滑，整体圆润可人。光照充足时，叶尖变红，叶片变成粉红色，覆白粉，是多肉植物中优雅一族的代表。

▸ 繁殖

茎插、叶插。

多肉的小个性

露娜莲是丽娜莲和静夜杂交出来的品种，兼具了静夜的清丽和丽娜莲的优雅，是石莲花中比较受欢迎的品种。

多肉养护秘笈

喜欢温暖、干燥、光照充足的环境。夏季高温休眠，冬季5℃以上能正常生长，休眠期断水并放到阴凉通风处。如果露养可适当遮阴，可以不休眠继续生长。

冬型种

钱串

▸ 科属

景天科青锁龙属

▸ 形态

叶片倒三角形，叶色翠绿，叶边红色，不徒长的情况下，植株叶片紧凑美观，很像一个个铜钱串在一起。

▸ 繁殖

茎插。

多肉的小个性

小米星与钱串的外貌相似，但叶片更小，株型也更小。

喜欢凉爽、干燥、光照充足的环境，冬季为生长季节，可适当多浇水，夏季休眠，需断水。生长季节要保证充足光照，否则会徒长，完全失去钱串该有的美貌。底肥充足的话不需要额外施肥。

春秋型种

蓝粉台阁

多肉的小个性

蓝粉台阁有个好姐妹，叫做红粉台阁，它们的外形相似，很难分辨，但出了状态后，就容易辨别了，红粉台阁叶片呈艳丽的紫红色，蓝粉台阁叶片呈淡淡的蓝紫色，前者娇艳夺目，后者则清雅多姿。

科属

景天科拟石莲花属

形态

蓝粉台阁可谓是大型莲花，生长速度比较快。它的叶片卵圆形，叶端有小尖，叶片上覆盖一层白粉，缺光时，叶片比较松散，呈蓝白色，光照充足、温差加大时，叶片会变得聚拢，叶色会由蓝白转成蓝紫色，叶边微微粉红。

繁殖

叶插。

多肉养护秘笈

喜欢光照充足、温暖干燥的环境，夏季稍庇荫，冬季10℃以上可正常生长，春秋季为主要生长季，要充分给水，每周2~3次，春秋季各施1次缓释肥。

塔洛克

春秋型种

科属

景天科景天属

形态

塔洛克莲座娇小，叶片较修长，但密实可爱，叶片上有短短的细绒毛，光照充足、温差大时，叶背和叶边变成艳丽的红色，容易群生。

繁殖

叶插或茎插。

多肉的小个性

塔洛克中文全称是乔伊斯·塔洛克，简称为塔洛克。在养护过程中，水多很容易养出徒长修长的植株，所以要尽量多见光，少浇水，叶片才会饱满厚实。

多肉养护秘笈

喜欢光照充足、干燥、温暖、通风好的环境，比较耐寒，0℃以上时不会发生冻伤，但要减少浇水，北方越冬要移至室内，南方在户外即可越冬。夏季高温时要减少浇水，庇荫。塔洛克在春末夏初时会开花，小花五瓣白色。

春秋型种

花之鹤

▸ 科属

景天科石莲花属

▸ 形态

花之鹤的莲座较大，较松散，叶片卵圆形，叶片两边向内微微卷曲，叶片绿色，叶边红，容易滋生侧芽。

▸ 繁殖

叶插或茎插。

多肉养护秘笈

喜欢光照充足、温暖、干燥、通风好的环境，只要通风好，夏季几乎不用担心度夏问题，冬季0℃以上不会发生冻伤。春秋季时生长较快，可每周浇水2~3次，每月施1次稀薄的复合肥。

多肉的小个性

花之鹤是杂交品种，它的爸爸妈妈分别是花月夜和霜之鹤，真心看不出花之鹤哪里遗传了花月夜，只得感叹霜之鹤的遗传基因有多么强大呀。很多人看不出霜之鹤和花之鹤之间的区别，其实细细观察，叶形还是很容易看出区别的，花之鹤的叶片较为狭长、单薄，而霜之鹤叶片则宽大厚实很多。

春秋型种

秋丽

科属 景天科风车草属 **繁殖** 叶插或茎插。

形态 叶片细长，先端尖，叶片正面较平滑，但背面有突出的龙骨，秋丽叶片上有一层薄薄的白粉，容易被水冲掉，所以浇水时要格外小心。缺少光照时，叶片呈深绿色，莲座较松散，光照充足、温差加大后，莲座叶片更聚拢，叶色会变成粉橘色或粉紫色。易滋生侧芽和木质化。

多肉的小个性

秋丽的园艺品种不少，譬如姬秋丽、丸叶姬秋丽，顾名思义，姬秋丽是秋丽的迷你品种，叶片更短小，而丸叶姬秋丽则是姬秋丽的丸叶品种，叶片更圆润饱满。它们的样貌虽然有一些差异，但养护方法很相近。

多肉养护秘笈

喜欢光照充足、通风好的环境，春秋季要充分给水才能生长快，夏季高温时要适当庇荫，如果环境阴凉休眠不明显，冬季10℃以上可以正常生长。春秋季生长较迅速，可每周浇水3~4次，每隔2月施一些稀薄腐熟的复合肥。

春秋型种

青丽

科属　景天科景天属　繁殖　叶插或茎插

形态

叶片长圆形，较厚实，先端尖，据传是黄丽的园艺品种，但外貌却与黄丽不太一样，倒是与千佛手有点像，不同点便是青丽的叶片背面有龙骨，叶色翠绿色或灰绿色，光照充足、温差大时叶边呈现出淡淡的灰褐色。

多肉的小个性

多肉植物很多是赏色的，平时一个状态，变出靓丽颜色又一个状态，但青丽却能始终如一，叶色全年青绿，很有小家碧玉的模样。

多肉养护秘笈

青丽喜欢光照充足、温暖通风的环境，夏季几乎不休眠，但要适当庇荫，冬季0℃以上不会发生冻伤，黄丽在强光的照射下，叶片会出现晒斑，但青丽比较耐强光，很少会被晒伤。春秋是主要生长季，每周可浇水2~3次，春秋季各施缓释肥1次。与黄丽相比，青丽长得较慢。

春秋型种

月光女神

多肉的小个性

月光女神是花月夜的园艺品种，虽然很多花友说傻傻分不清楚它们之间到底有什么区别，尤其是花月夜原始种出现后，更是挠头。但月光女神还是比较有自己特色的，女神的叶边薄，有褶皱，出状态后，红边几乎延伸到莲座基部。

科属

景天科拟石莲花属

形态

叶片长匙形，先端尖，叶片肥厚，但叶边比较薄，叶面光滑，叶色淡绿，光照充足、温差加大后叶尖和叶边会变成艳丽的红色，叶片的淡绿色也会随着日照增加而变成深绿色。易群生。

繁殖

叶插或茎插。

多肉养护秘笈

喜光照充足、温暖、通风的环境，夏季庇荫、减水，移至通风环境，可不休眠。冬季环境温度不低于10℃可正常生长，但低于这个温度则要减少浇水，以免发生冻伤。在生长期里，要保证给水充足，否则会影响植株生长，每周浇水3~4次。春秋季各施1次缓释肥。

春秋型种

粉色回忆

科属

景天科拟石莲花属

形态

叶片卵圆形，厚实，叶背有龙骨，先端稍尖，叶片表面光滑，覆薄粉，莲座很小。叶色呈淡绿色或粉绿色，光照充足、温差加大后会变成紫红色，颜色非常艳丽，易分枝和木质化。

繁殖

叶插或茎插。

多肉的小个性

粉色回忆也叫紫心，完全是因为它艳丽的颜色而定的，但它并不是一年四季都如此，只有日照时间相对长，光照相对充足的秋天才能显现出魅力十足的紫红色。

多肉养护秘笈

喜欢温暖、光照充足的环境，夏季适当庇荫可正常浇水，正常生长，但要保证环境通风良好。冬季10℃以上可正常生长，粉色回忆比较能耐低温，0℃左右时只要适时断水，植株不会发生冻伤。可以说，粉色回忆是一年四季都能够生长的。春秋季是主要生长季，要保证盆土湿润，可每周浇水3~4次，春秋季各施1次缓释肥，或每月施一点稀薄腐熟的饼肥水。

春秋型种

铭月

▸ 科属 景天科景天属 ▸ 繁殖 叶插或茎插。

▸ 形态

叶片长卵圆形，厚实，叶面光滑无粉，先端尖，叶色淡绿至黄绿，光照充足、温差加大后，叶色会变为橙黄色或橙红色，易于滋生侧芽和木质化。

多肉的小个性

铭月与黄丽有些相似，但仔细观察，区别还是很大的，铭月的叶片薄且长，从习性上看，铭月比黄丽更加皮实，更易粗犷管理，夏季光照强烈时，黄丽的叶片易出现晒斑，铭月却不会，当铭月长到一定高度且木质化后，会向下悬垂生长，可做垂挂植物装饰居室。

多肉养护秘笈

喜欢光照充足、温暖、通风良好的环境，对水分的需求不多，夏季适当庇荫，如果从春季一直露养，接受阳光直射，到了夏季不庇荫也没有问题。越冬温度保持在0℃以上不会发生冻伤，10℃左右可正常生长。铭月生长快，所以要少浇水，以免徒长厉害。只要光照充足，它一年四季都可以是靓丽的橙黄色或橙红色。

奥普琳娜

春秋型种

- 科属　景天科风车石莲属
- 繁殖　叶插或茎插。
- 形态　叶片长匙形，叶面向内凹，叶背有明显的龙骨，叶端稍尖，叶面覆薄粉，光照充足、温差加大后，叶色呈淡淡的粉蓝色，叶尖粉紫色，属于大型多肉，易长大和滋生侧芽。

多肉的小个性

多肉植物的园艺杂交品种越来越多，在科属分类上就显得有些乱，譬如，拟石莲属和风车草属的杂交品种，有人将新品种归在拟石莲属中，有人就将其归类在风车草属中，为了将其父本和母本的科属显现的更清楚，就出现了类似风车石莲属这样新的属别，很多新品种的科属分类其实都不是官方的，花友们最好辩证的看这件事儿。

多肉养护秘笈

喜欢光照充足、温暖通风的环境，夏季要适当庇荫并减少浇水，这里说的适当，指在正午光照最强时庇荫，12：00~15：00之间，其他时间要接受光照，否则植株会徒长和叶片松散、下垂，破坏植株形象。越冬时环境温度保持在10℃以上可正常生长，由于冬季北方地区是在室内越冬，而光照条件多半差强人意，所以冬季也要减少浇水，避免因水多而引起徒长。春秋生长季每周浇水2~3次，春秋季各施1次缓释肥，生长季尽量全日照。

春秋型种

千代田之松

多肉养护秘笈

喜欢光照充足、通风良好的环境，没有明显的休眠期，但夏季要适当庇荫，越冬温度不要低于5℃，低于这个温度或0℃以下时，要断水，保持盆土干燥，春秋季每周浇水2~3次，春秋冬三季保证全日照。

多肉的小个性

如果不养多肉，都没听说过根粉蚧，但这个家伙确实是影响多肉健康生长的元凶，它不在植株的茎干上，也不在叶片上，它偷偷藏在根系中，在不知不觉间瓦解肉肉的健康，而且传染速度超快，当你发现一棵肉肉长势不佳，翻盆发现根粉蚧时，可能周围很多盆都已经被传染了。曾在一个拼盆里栽了千代田之松、奥普琳娜、格林、鲁氏石莲，春天翻盆时，发现千代田之松的根系上爬满了根粉蚧，几乎可以用覆盖来形容，心想坏了，其他几棵肯定也惨遭虫祸，但奇怪的是，依次查找，其他几棵的根系上却干干净净，移栽时为了避免虫患还是泡了药，但也由此看出，不管是虫害还是病害，它们都容易欺负弱小，当初混栽时，只有千代田之松一直长势不佳，没有服盆，长势不好的肉肉才是虫害、病害的众矢之的。

科属

景天科厚叶草属

形态

叶片圆梭型，先端尖，叶片上有不规则的叶棱，覆薄粉，叶色淡绿，在光照充足、温差加大后，叶色会变成深绿至墨绿，莲座上的叶片也更加紧致密实，千代田之松易群生和木质化。

繁殖

叶插或茎插。

春秋型种

东美人

多肉的小个性

厚叶草属是出美人的科属，如桃美人、白美人、青星美人，与其他美人相比，东美人的模样比较普通，算不上姿容出众，但它却是最常见的品种，在南方的很多城市，路边、草地，或是青砖绿瓦的屋顶，都能看到东美人的身影，足见它的生命力强健，管理方法简单。

科属

景天科厚叶草属

形态

叶片长卵圆形，先端稍尖，叶片比较厚实，叶面光滑，覆白粉，叶色淡绿至灰绿，光照充足、温差加大后，叶边会微微泛出橙褐色，易滋生侧枝和木质化。

繁殖

叶插或茎插。

多肉养护秘笈

喜欢光照充足、温暖、通风好的环境，夏季适当庇荫，适当减少浇水，没有明显的休眠期，冬季越冬温度可在0℃左右，低于0℃时要减少浇水。生长季节要保证盆土湿润，可每周浇水3~4次，春秋季各施1次缓释肥，有花友露地栽培东美人，从未施肥，长势极好，从中可以判断东美人不需过多养分，只要在生长期水分有保证，就可以正常生长。

索引

编后记

大学毕业以后，来到出版社工作，一个人租房子，也没什么朋友，在陌生的城市里，第一次感受到生活的压力和内心的孤独，就想着养些什么东西跟我作伴。当时特别想要养一只猫或者狗，但是家里太小了，我也没有多余的时间去照顾它，也不想我的“小伙伴”每一天的白天都感受我那样的孤单。后来买了几条鱼，最久的那条活了大概半个月，也许是我不懂照顾它们，任何一种失去都会带来失落，所以也没再买。

我知道多肉大概是2013年吧，那时候已经很火了，作为新手花坊的售货员为我推荐了虹之玉锦和白美人，几乎是瞬间就被这小不点俘虏了，一直觉得自己是个文艺青年，突然觉得她们比我更文艺，感觉像是一下子找到了一个可以说话的朋友，我给她们“喝水”，陪她们“晒太阳”，我对她们好，她们也用所有的美丽回报我，都说“陪伴是最长情的告白”，养多肉两年多的时间，感觉生活就是这么简单、美好、阳光、惬意、充实。

很幸运我可以拿到《萌宠多肉》这个选题，感谢本书作者放心地把这本书交给我，我也用最大的努力和最真诚的内心把这本书做好，希望看过这本书的人，都会爱上多肉，并亲自养上一盆或几盆，让孤单、不开心都被治愈，让生活更美好，让幸福更幸福！

《雅致吉林》编辑小组成员

2015年7月11日

参编人员名单：

安秀荣　柴瑞成　崔　一　程莉莉　戴松和　邓晶晶
范小路　方国良　冯青官　冯扬泰　冯　奕　高彩云
高　杰　李　利　李青凤　牛东升　石　爽　王宪明

P182

月光女神

秘密心事

P174
露娜莲
秘密心事

P168

观音莲

秘密心事

P150

女雏

秘密心事

P148

白凤

秘密心事

P102

花叶寒月夜

秘密心事

P94
条纹十二卷
秘密心事

P154

多肉造景

秘密心事

P84

玉露

秘密心事

P66

青星美人

秘密心事

P64
雪莲
秘密心事

P60

高砂之翁

秘密心事

P56
吉娃莲
秘密心事

P40

千佛手

秘密心事

青丽
P181

上架建议 花草园艺
ISBN 978-7-5384-9639-0
9 787538 496390 >
定价：39.90元